Als Marjorie Courtenay-Latimer am 23. Dezember 1938 im Hafen von East London, Südafrika, den schönsten Fisch sah, der ihr jemals zu Gesicht gekommen war, spürte sie sofort, daß es mit diesem Fisch eine besondere Bewandtnis haben mußte. Sie hatte einen Quastenflosser in den Netzen der Fischer entdeckt, ein Tier, von dem die Forschung einige fossile Überreste kannte und das ebenso wie die Dinosaurier als ausgestorben galt. Die Nachricht dieser Entdeckung ging um die Welt. Meeresbiologen machten sich auf, ein weiteres Exemplar zu fangen, Regierungen lagen in erbittertem Streit um die Forschungsrechte an dem Fisch, und einige Forscher behaupteten, einen lebenden Quastenflosser könne es gar nicht geben, denn es sollte noch einmal 14 Jahre dauern, bis ein zweites Exemplar des Tieres gefangen wurde.

Spannend und bewegend wie ein Roman schildert Samantha Weinberg die Entdeckung des Fisches und die Geschichte der Menschen, die, verzaubert von der Existenz des Tieres, ihr Leben der Suche und Erforschung dieser wunderlichen Kreatur widmeten und bis heute widmen.

Samantha Weinberg lebt als freie Journalistin und Schriftstellerin in London. Sie schreibt regelmäßig für die *Times*, die *New York Times* und *Harper's*. ›Der Quastenflosser‹ ist ihr zweites Buch und ihre erste Buchveröffentlichung in deutscher Sprache.

Unsere Adresse im Internet: www.fischer-tb.de

Samantha Weinberg

Der Quastenflosser

Die abenteuerliche Geschichte der Entdeckung eines lebenden Fossils

Aus dem Englischen von Andrea Stumpf und Gabriele Werbeck

Fischer
Taschenbuch
Verlag

Veröffentlicht im Fischer Taschenbuch Verlag GmbH
Frankfurt am Main, Juni 2001

Lizenzausgabe mit freundlicher Genehmigung
der Argon Verlags GmbH, Berlin
Die englische Originalausgabe erschien 1999
unter dem Titel ›*Coelacanth. A fish caught in time*‹
im Verlag Fourth Estate, London

Druck und Bindung: Clausen & Bosse, Leck
Printed in Germany
ISBN 3-596-15089-2

Für Mark

INHALT

Nun seht ihn an, den Coelacanth,
Relikt aus alter Zeit,
Beständig wie der Amarant,
Prophet der Ewigkeit,
Er höhnt der Fische großer Schar
Und gibt sich recht blasiert.
Ach Coelacanth, unwandelbar,
Bist doch auch antiquiert.

Ogden Nash

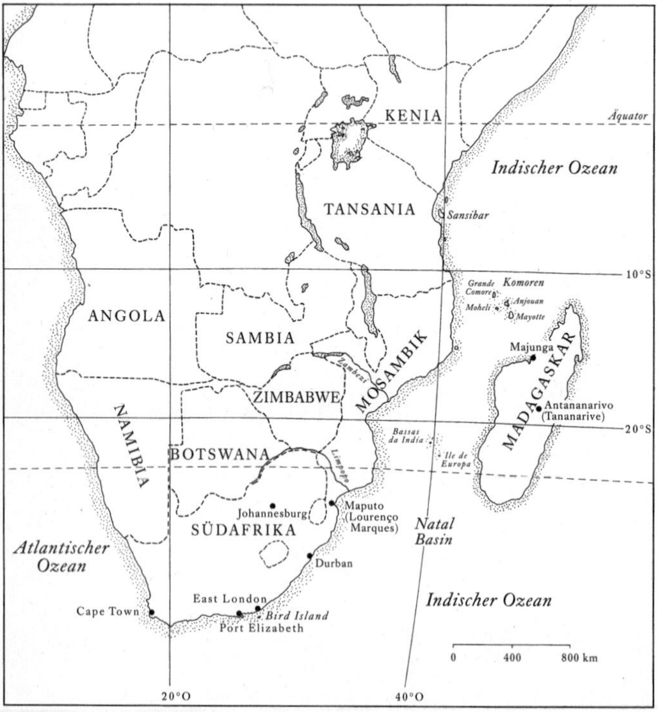
KENIA
Äquator
Indischer Ozean
TANSANIA
Sansibar
10°S
Grande Comore
Komoren
Moheli
Anjouan
Mayotte
ANGOLA
SAMBIA
Majunga
MOSAMBIK
MADAGASKAR
Zambezi
ZIMBABWE
Antananarivo
(Tananarive)
NAMIBIA
Bassas da India
20°S
BOTSWANA
Limpopo
Ile de Europa
Maputo
(Lourenço Marques)
Johannesburg
SÜDAFRIKA
Natal Basin
Atlantischer Ozean
Durban
East London
Indischer Ozean
Cape Town
Bird Island
Port Elizabeth
0
400
800 km
20°O
40°O

Latimeria chalumnae

Ein Fischfang, der Geschichte macht

Der Dezember in East London ist heiß und schwül. Über der kleinen südafrikanischen Stadt liegt ein gelber Dunstschleier, selbst die leichte Meeresbrise hilft kaum, die jahreszeitliche Lethargie zu vertreiben. Wir schreiben das Jahr 1938. In den amerikanischen Kinos läuft *Vom Winde verweht* und Hitler bedroht Mitteleuropa. Aber zwei Tage vor Weihnachten denken die meisten Menschen hier in Südafrika nur an die bevorstehenden Feiertage, die Büros schließen bereits, und in den Familien werden letzte Vorbereitungen für das Fest getroffen.

Die Gedanken der jungen Museumsangestellten Marjorie Courtenay-Latimer waren jedoch mit etwas ganz anderem als den kommenden Festtagen beschäftigt. Die zierliche Frau mit dem widerspenstigen dunklen Haar und den blitzenden schwarzen Augen stand inmitten einer Menge kleiner Knochen und war damit beschäftigt, noch vor der feiertagsbedingten Schließung des Museums das Skelett eines großen Dinosauriers zusammenzusetzen, das sie gemeinsam mit einem Freund in Tarkasted ausgegraben hatte. Um Viertel vor zehn klingelte das Telefon, das erst vor zwei Tagen angeschlossen worden war. Mr. Jackson, Verwalter der Trawlerflotte von Irvin & Johnson, gab ihr Bescheid, daß Kapitän Hendrik Goosen gerade im Hafen angelegt hatte. »Die haben auf dem Trawler *Nerine* anderthalb Tonnen Haifische«, sagte er. »Sind Sie interessiert?«

Marjorie war versucht, nein zu sagen.

Sie wollte unbedingt das Ausstellungsstück vollenden, und es wartete noch eine ganze Ladung Fische von Kapitän Goosens letzter Fahrt darauf, gesichtet zu werden. »Aber dann dachte ich daran, wie nett alle bei Irvin & Johnson zu mir gewesen waren und daß es kurz vor Weihnachten war. Ich konnte ja wenigstens zu den Docks runtergehen und ihnen ein schönes Fest wünschen.« Sie schnappte sich einen Sack, rief Enoch, ihren einheimischen Assistenten, und gemeinsam nahmen sie ein Taxi zum Hafen.

»Ich bin zuerst zu Mr. Jackson«, erinnert sie sich sechzig Jahre später, »und als ich schon wieder im Gehen war, sagte er: ›Nun, ich glaube nicht, daß es wirklich anderthalb Tonnen Haie sind, aber trotzdem – schöne Weihnachten!‹ Die haben immer ihre Späßchen mit mir getrieben. Ich ging also zur *Nerine*. Die ganze Mannschaft des Schiffes war schon an Land gegangen, außer einem alten Schotten, der mir sagte, daß ich die Fische auf dem Vordeck fände. Ich sah mir den Haufen an: Haie, Algen, Schwämme, Seesterne und Grenadierfische, alles mögliche eben. Ich sagte dem Schotten, ich würde vermutlich nichts davon mitnehmen. Und dann bemerkte ich zwischen all diesen Tieren eine blaue Flosse, die aus dem Haufen hervorstach. Vorsichtig entfernte ich den ganzen Schlamm und fand darunter den schönsten Fisch, den ich je gesehen hatte. Er war anderthalb Meter lang, in der Färbung Blau mit weißen Flecken, und seine seltsam geformten Schuppen strahlten in einem bezaubernden, silbrig schimmernden Blaugrün. Er hatte vier Flossen, die an Gliedmaßen erinnerten, und einen merkwürdigen, gelappten Schwanz. Da lag ein wunderschöner Fisch vor mir – wie auf Porzellan gemalt –, aber ich hatte überhaupt keine Ahnung, welcher Art er angehören könnte.«

»Ja«, sagte der alte Schotte, »das ist ein seltsamer Fisch. Ich fahre seit über dreißig Jahren zur See, aber so einen habe ich noch nie gesehen. Er hat nach dem Finger des Kapitäns geschnappt, als dieser ihn sich im Schleppnetz ansehen wollte. Wir dachten, daß er Sie interessiert.«

»Er sagte, daß der Fisch in einer Tiefe von vierzig Faden ins Netz gegangen sei, an der Mündung des Chalumna River, und daß Kapitän Goosen den Fisch, da er so schön war, ursprünglich wieder ins Meer lassen wollte. Ich sagte ihm, daß ich dieses Exemplar auf jeden Fall mit ins Museum nehmen würde.«

Mit Enochs Hilfe verstaute Marjorie Latimer den großen, schweren Fisch – er wog fast 60 Kilogramm – in den Sack, und so trugen sie ihn zum Taxi. Der Fahrer war entsetzt.

»Ich denke nicht daran, einen stinkenden Riesenfisch in meinem Taxi mitzunehmen«, protestierte er, aber Marjorie gab zurück: »Er stinkt nicht. Er ist vollkommen frisch. Wenn Sie nicht wollen, nehme ich eben ein anderes Taxi. Ich bin mit Ihnen hergekommen, um Fische für das Museum zu holen.« Der Fahrer gab nach, und vorsichtig legten sie den Fisch in den Kofferraum des Wagens.

»Ich war ziemlich durcheinander. So einen Fisch hatte ich ganz sicher noch nie gesehen, und gleichzeitig ging mir ein Gedanke nicht mehr aus dem Kopf: Während meiner Schulzeit mußte ich einmal eine Strafarbeit über Ganoiden schreiben. Ich hatte eine Lehrerin, deren Vater Paläontologe an der Universität war, und er hatte seiner Tochter vieles über die Meerespaläontologie beigebracht. Deshalb hat sie uns im Unterricht ständig irgend etwas von Fischen erzählt. An diesem Tag hatte ich nicht aufgepaßt, und sie wandte sich mir zu und sagte: ›Na, kleine Latimer – was ist ein Fossilfisch?‹ Und die kleine Latimer wußte es nicht, weil sie nicht zugehört hatte. ›Dann schreibt die kleine Latimer jetzt fünfundzwanzig Mal: Ein Ganoide ist ein Fossilfisch. Ein Ganoide ist ein Fossilfisch.‹ Und die kleine Latimer schrieb es fünfundzwanzig Mal. Ich habe das Heft immer noch. Dieser Satz ging mir damals im Taxi im Kopf herum: Ein Ganoide ist ein Fossilfisch – mit anderen Worten, ein Fisch, der schon lange ausgestorben und nur durch Fossilienfunde bekannt ist. Die Schuppen, die vier Gliedmaßen – alles deutete darauf hin, daß es ein Ganoide war. Ich spielte mit dem Gedanken, ihn als einen Ganoiden zu klassifizieren, aber ich dachte dann wieder, es könne kein Fossilfisch sein, da er ja noch gelebt hatte. Ich hielt es für unmöglich. Ich wußte nur, daß er wertvoll war, sehr wertvoll.«

Marjorie Latimer suchte in K. H. Barnards *The Fish of South Africa* und allen anderen Büchern über Fische, die ihr in die Finger kamen, fand aber nichts, was dem seltsamen und schönen Exemplar, das da nun im Museum auf ihrem Tisch lag, ähnelte. Daß es ein einzigartiger und primitiver Fisch war, zeigten schon sein seltsamer Körperbau, die Schädelplatte und die Anordnung der Flossen. Seltsamerweise traten ihm weder Blut noch schleimige Absonderungen aus Maul, Nase oder Körper. Sie maß den Fisch und fertigte einige flüchtige Skizzen an. Mittags kam Dr. Bruce-Bays, der Leiter des Museums, vorbei, und Marjorie zeigte ihm den aufregenden neuen Fisch. »Er war Arzt und ein sehr sarkastischer Mann. Er nannte mich immer Mistress Madge. ›Mistress Madge, das ist nichts weiter als ein Kabeljau‹, sagte er. ›Warum machen Sie nur so ein Tamtam um den Fisch. All Eure Schwäne waren bislang nur Gänse.‹«

Die meisten Leute hätten an diesem Punkt aufgegeben und den unbekannten Fisch dem vorweihnachtlichen Müll übergeben. Aber Marjorie war überzeugt, daß es sich um etwas Besonderes handelte, und wollte den Fisch unbedingt so lange aufbewahren, bis sie jemanden gefunden hatte, der ihn identifizieren konnte. Sie schickte Enoch los, den kleinen Handkarren zu holen, den sie sich von einem Mitglied des Vorstandes liehen, wann immer sie schwere Gegenstände transportieren mußten. Als er zurückkam, hievten sie den Fisch auf den Karren und machten sich mit ihrer seltsamen Ladung auf den Weg in die Stadt.

»Mein erster Gedanke war, ihn in die Leichenhalle zu bringen. Damals war die Leichenhalle unten am Park«, erzählt Marjorie. »Wir beide gingen also den ganzen Weg bis dorthin, es war sehr heiß. Alle Passanten regten sich auf, weil sie uns Platz machen mußten, und meckerten uns an, warum wir nicht auf der Straße gehen könnten. Irgendwann kamen wir jedenfalls beim Krankenhaus an, und ich ging zu dem Herrn, der für die Leichenhalle verantwortlich war, ein großgewachsener Mann namens Evans. Als ich fragte, ob wir nicht den Fisch in die Leichenhalle bringen könnten, richtete er sich zu seiner ganzen Länge auf, blickte mich mit Augen, die ihm fast aus dem Kopf sprangen, mißbilligend an und sagte: ›Was für eine unschickliche Bitte! Was würden da wohl die anderen sagen?‹ Ich erwiderte, daß sie, na ja, daß sie wohl alle schlafen würden und es doch ein so schöner Fisch sei. ›Nein‹, gab er zurück. Nein, er könnte keinesfalls einen Fisch in der Leichenhalle aufbewahren. Nun, das hatte sich also erledigt.«

Anschließend versuchte sie es im Kühlhaus. »Dort arbeitete ein Herr namens Latimer, der aber nicht mit uns verwandt war. Er war wenigstens so höflich, sich den Fisch anzusehen, aber auch er sagte nein, er wolle keinen stinkenden Fisch in seinem Kühlhaus. Ich denke, er hatte schon recht, schließlich hätte der Fisch Gase abgeben können, und in dem Kühlhaus wurden Nahrungsmittel gelagert. Also wieder Fehlanzeige.«

Zu dieser Zeit waren das die einzigen beiden Kühlräume, die groß genug waren, um einen anderthalb Meter langen, sechzig Kilo schweren Fisch unterzubringen. Marjorie begann zu verzweifeln: Sie wußte, sie mußte eine Möglichkeit finden, ihn zu retten. »Dann dachte ich an den alten Robert Center, einen Tierpräparator. Er kannte mich seit meiner Kindheit und hatte mir das Präparieren beigebracht. Ich war mir sicher, er würde mir helfen. Inzwischen hatte ich kaum noch einen Zweifel daran, daß ich da etwas sehr, sehr Seltsames gefunden hatte:

diese gliedmaßenähnlichen Flossen und die ganzen schillernden Schuppen. Er war so schön.«

So kamen die beiden bei Center an. Marjorie zeigte ihm den Fisch und erzählte ihm von den Schwierigkeiten, auf die sie bei ihren bisherigen Versuchen, ihn zu konservieren, gestoßen waren. Marjorie fragte ihn, ob er jemals einen solchen Fisch gesehen habe und eine Ahnung habe, was es für einer sei. Mr. Center betrachtete ihn, inzwischen war es Nachmittag, und die Farbe des Fisches verblaßte zu einem dunklen Grau. »Nein«, bekannte er, so einen Fisch habe er noch nie gesehen und kenne er auch nicht. Er wies Marjorie an, ihn auf den Tisch in seinem Arbeitszimmer zu legen. »Wenn wir etwas Formalin bekommen, können wir ihn einwickeln und dann vielleicht jemanden von der Universität herbitten, der ihn identifiziert«, schlug er vor. Marjorie stimmte ihm zu und sagte, daß sie Dr. Smith anrufen wolle.

Wegen des Formalins suchte sie einen befreundeten Chemiker auf. Damals war Formalin selten, und nur ein paar Chemiker hatten es für das Krankenhaus auf Vorrat, so daß Marjorie nicht mehr als einen Liter bekam, den sie zu Center brachte. »Wir verdünnten es, durchtränkten Zeitungspapier mit der Flüssigkeit und wickelten den Fisch sehr vorsichtig darin ein. Jetzt brauchten wir irgendein Stück Stoff. Wir fragten Mrs. Center, aber sie wollte sich von keinem ihrer Bettlaken trennen. Ich machte mich also auf den langen Weg nach Hause – es gab keine Busse oder dergleichen – und erklärte meiner Mutter, was los war und daß ich ein Stück Stoff brauchte, um den Fisch einzuwickeln, sonst wäre er hinüber, bis ich Dr. Smith erreicht hätte. Sie gab mir ein großes Bettlaken. Darin wickelten wir den Fisch mitsamt den formalingetränkten Zeitungsseiten ganz fest ein.«

James Leonard Brierley Smith, der Chemie an der Rhodes-Universität lehrte und Amateur-Ichthyologe war, betreute ehrenamtlich für die kleineren Museen entlang der Südküste die Abteilung Fische. Marjorie hatte ihn fünf Jahre zuvor an der Küste kennengelernt, als sie für das Museum Muscheln und ungewöhnliche Algen sammelte. Ein lebhafter Mann mit erstaunlich blauen Augen und kurzen blonden Haaren, der fast in seinen ausgebeulten Shorts versank, hatte sie angesprochen und gefragt, was sie da täte. Sie hatte ihm erklärt, daß sie für das East London Museum arbeitete, und so hatte ihre Freundschaft begonnen. Smith besuchte Marjorie oft im Museum und half ihr, ungewöhnliche Fische zu klassifizieren. Als sie am 22. Dezember 1938 versuchte, ihn telefonisch zu erreichen, war er allerdings nicht in der Universität. Sie hinterließ ihm eine Nachricht, als er sich aber auch am nächsten Tag noch nicht bei ihr gemeldet hatte, schrieb sie ihm einen Brief, dem sie eine Zeichnung des Fisches beilegte:

EAST LONDON MUSEUM 23. Dezember 1938

Lieber Dr. Smith,

gestern erhielt ich Kenntnis von einem äußerst seltsamen Fund. Der Kapitän eines Trawlers erzählte mir von einem Fisch, den er gefangen hatte, und ich machte mich sofort auf den Weg, um ihn mir anzusehen. So schnell wie möglich habe ich ihn zu unserem Präparator gebracht. Ich habe eine sehr grobe Zeichnung von ihm angefertigt und hoffe, daß Sie mir bei der Klassifizierung helfen können.

Er ist vor der Chalumna-Küste in vierzig Faden Tiefe ins Netz gegangen.

Seine Schuppen sind sehr dick, fast wie ein Panzer, die Flossen ähneln Gliedmaßen und sind bis an den Flossensaum geschuppt. Die Rückenflosse hat feine weiße Flossenstrahlen bis in den Saum.

Siehe die roten Markierungen in der Zeichnung.

Ich würde mich sehr freuen, wenn Sie mir mitteilen könnten, was Sie davon halten, auch wenn ich weiß, daß sich anhand einer solchen Beschreibung nur wenig sagen läßt.

Ich wünsche Ihnen schöne Feiertage und grüße Sie,

Ihre

Marjorie Courtenay-Latimer

Marjorie wartete täglich auf eine Antwort. »Nichts passierte, nichts, nichts, nichts«, erinnert sie sich. Weihnachten ging fast unbemerkt an ihr vorüber. »Langsam verzweifelte ich. Ich dachte an nichts anderes mehr als an den Fisch. Meine Familie konnte nicht verstehen, was mit mir los war, aber ich wußte ganz einfach in meinem tiefsten Inneren, daß dieser Fisch wichtig war.« Dann kam der zweite Weihnachtsfeiertag: immer noch keine Antwort. »Jeden Tag sah ich nach der Post und wartete auf einen Anruf, aber Dr. Smith meldete sich nicht.«

Es war eine flirrendheiße Woche. Marjorie ging jeden Nachmittag zu Mr. Center, um nach dem Fisch zu sehen, und auch wenn er noch unversehrt aussah, begann um den 27. Dezember Öl aus ihm zu treten. Center befürchtete, daß der Fisch durch den Verlust des Öls kaputtgehen würde. Dieses Risiko wollte Marjorie nicht eingehen, und sie gab Center nach, der den Vorschlag gemacht hatte, den Fisch zu häuten. Er sollte es nur nicht von der Seite machen, wie es damals üblich war, sondern genau an der Unterseite des Bauches beginnen, um keine Schuppen zu zerstören. Es war eine schwierige und langwierige Aufgabe. Center schnitt vorsichtig durch die dicken Schuppen. Das darunterliegende Fleisch war ganz weiß und konnte wie Lehm geformt werden. Es schien nicht faserig zu sein, anders als jedes Fischfleisch, das die beiden kannten. Der Fisch hatte keine Grä-

EAST LONDON MUSEUM

ALL SPECIMENS AND EXHIBITS FOR THE MUSEUM TRAVEL FREE BY POST OR RAIL IF ADDRESSED:
O.H.M.S.
CURATOR, MUSEUM, EAST LONDON.
PHONE 2995.

East London
SOUTH AFRICA.

23rd Dec. 1938.

Dear Dr Smith,

I had the most queer looking specimen brought to notice yesterday, The Capt of The trawler told me about it so I immediately set off to see the specimen which I had removed to aur Taxidermist as soon as I could . I however have drawn a very rough sketch and am in hopes that you may be able to assist me in classing it.

It was trawled off Chulmna coast at about 40 fathoms.

It is coated in heavy scales, almost armour like., the fins resemble limbs, and are scaled right up to a fringe of filment. The Spinous dorsal, has tiny white spines down each filment.

Note drawing inked in in red.

I would be so pleased if you could let me Know what you think , though I know just how difficult it is from a discription of this kind.

Wishing you all happiness for the season.

Yours sincerely.

M. Courtenay-Latimer

ten und nur eine biegsame Röhre anstelle des Rückgrats. Als Center hineinschnitt, quoll blaßgelbes Öl heraus. Marjorie fing eine ganze Flasche des feinen Öls auf, die sie für J. L. B. Smith beiseitestellte, und nahm auch die harte, knochige Zunge an sich, um sie zu Hause zu untersuchen. Sie sagte Mr. Center, daß er die Gedärme wegwerfen und mit dem Präparieren fortfahren könne, wenn sie bis zum nächsten Abend nichts von Dr. Smith gehört habe.

»Ich bekam keine Nachricht. Wir warteten täglich auf einen Brief von Dr. Smith. Es war wirklich furchtbar. Neujahr ging vorüber, und immer noch hatten wir nichts gehört.« Es sollten quälende elf Tage werden, bis Marjorie endlich Nachricht von J. L. B. Smith erhielt.

Auch wenn Marjorie Courtenay-Latimer keine ausgebildete Ichthyologin war, verfügte sie auf diesem Gebiet über gute Kenntnisse. Noch bevor sie das Licht der Welt erblickt hatte, war sie zur Naturforscherin bestimmt worden. Ihr Vater Eric Henry Courtenay-Latimer schrieb zwei Monate vor ihrer Geburt in sein Tagebuch: »Willie [seine Frau] und ich beten, daß das Kind all die Schönheiten der Natur lieben wird. Willie möchte, daß das Kind Botaniker wird – ich wünsche mir, daß es die Tiere und Pflanzen liebt.«

Ihre erste Tochter, Marjorie Eileen Doris Courtenay-Latimer, wurde mehr als zwei Monate zu früh am 24. Februar 1907 geboren – passenderweise im Sternzeichen der Fische. Sie wog nicht einmal anderthalb Kilo, und man gab ihr wenig Überlebenschancen. Für ihre Eltern war sie ein kleines Wunder, und sie zeichneten jede Einzelheit ihres Lebens auf. »Die kleine Portion sah wie eine in Baumwolle gewickelte Miniaturpuppe aus«, schrieb ihr Vater. »Sie hatte massenhaft dunkle Haare, keine Fingernägel und keine Fußnägel. Unser kleiner Schatz ist das faszinierendste Kind East Londons. Unsere Freude über sie scheint um so größer zu sein, da sie so zart und klein ist.«

Die Courtenay-Latimers waren keine reiche Familie und führten ein regelrechtes Wanderleben, da es die Arbeit von Eric Courtenay-Latimer bei den South African Railways erforderlich machte, von Bahnhof zu Bahnhof zu ziehen. Aber sie waren glücklich und hatten großes Vergnügen daran, sich im Freien aufzuhalten, Picknicke und lange Spaziergänge am Meer zu unternehmen. An ihrem ersten Geburtstag nahmen sie die noch immer zarte Tochter nach Cap Argulhas, an der südlichsten Spitze des afrikanischen Kontinents, mit: »Margie war ganz hingerissen vom Strand und verliebte sich in eine besondere Muschel, mit der sie den ganzen Tag spielte und die sie immer noch umklammert hielt, als sie schließlich einschlief«, schrieb ihr Vater. Im Alter von zwei Jahren fand man sie im Ententeich – sie hatte alle Entenküken ihrer Tante in ihre Schürze gesammelt und wollte sie mit ins Bett nehmen.

Obwohl sie ein sehr gesundes Leben führte, war sie oft krank. Einige Male sah es sogar so aus, als würde sie sterben. »Sie ist zwar dünn und zart«, schrieb ihr Vater, »aber eine entschlossene kleine Person, ein wunderliches, kleines, ernsthaftes Kind mit einer tiefen Liebe zu Tieren, Vögeln, Blumen und ihrer Mutter und Schwester.«

Marjorie interessierte sich besonders für Vögel: viele Stunden verbrachte sie damit, ihre Nester zu beobachten, Eier und Federn zu sammeln und ihr Verhalten zu studieren. Als sie elf Jahre alt war, verkündete sie, daß sie eines Tages ein Buch über Vögel schreiben würde. Sie besaß auch eine wunderbare Schmetterlingssammlung und begann, Farne und alte Steinwerkzeuge zu sammeln. Sie trat vehement für den Tierschutz ein und geriet einmal in einen heftigen Streit mit ihren Cousins, die ein Katzenjunges in einen Brunnen werfen wollten. Eines Tages geriet sie mit ihren Eltern wegen einer Lilie aneinander: »Margie bekam ein paar hinter die Ohren und wurde ins Bett geschickt, weil sie mit ihren Eltern über eine Lotusblume stritt«, schrieb ihr Vater. »Sie beharrte darauf, daß es eine Wasserlilie und keine Lotusblume ist. Als ich sie fragte, warum, antwortete sie: ›Lotusblume ist ein schrecklicher Name für so eine schöne Pflanze, und Wasserlilie ist ein schöner Name.‹«

Margie war eine ausgezeichnete Schülerin und in jedem Fach außer in Mathematik Klassenbeste. Wenn es finanziell möglich gewesen wäre, hätte ihr Vater sie auf ein Internat geschickt, aber

Dr. Brownlee, einer der vielen Botaniker, denen Margie zur Hand ging, versicherte ihm: »Es gibt keinen Unterricht, der ihr beibringen könnte, was sie im Leben am meisten liebt. Das Empfinden der Schönheit der Natur ist ein Geschenk, das ihr zuteil wurde – das Wissen, das sie sich in ihrem kurzen Leben angeeignet hat, kann nicht in den vier Wänden eines Klassenzimmers gefunden werden. Latimer, haben Sie Geduld, dieses Kind wird weit kommen mit seiner natürlichen Gabe für das Schöne. Gott schenke ihr die Gesundheit dazu.« Als Margie fast an Diphtherie gestorben wäre, wich Dr. Brownlee nachts nicht von ihrer Seite und pflegte sie wieder gesund.

Mit fünfzehn wurde sie auf eine Klosterschule geschickt, auf der sie Schwester Camilla und ihre Fossilfische kennenlernte. Auch hier war sie in allen Fächern gut, auch in Musik: »Sie hat einen schönen Anschlag«, notierte ihr Vater. »In gewisser Weise scheint in ihrem Spiel ihr Wesen zum Ausdruck zu kommen. Sie ist zu einem sehr sanften, liebevollen Mädchen herangewachsen, immer bereit, etwas für andere zu tun, und ihrer Mutter ist sie eine große Hilfe. Sie ist nicht hübsch, hat aber feine Züge, und ihre Augen blitzen schelmisch, wenn sie lacht.«

Heute mit Anfang neunzig sieht man noch immer das Blitzen in Marjorie Courtenay-Latimers Augen, wenn sie lacht, was oft der Fall ist. Sie lebt mit Cindy, ihrem Foxterrier, in East London in einem kleinen Haus, in direkter Nachbarschaft zu dem früheren Haus ihrer Familie, in dem sie das nervenraubende Weihnachten des Jahres 1938 verbrachte. Überall sind Bücher – hauptsächlich über Naturkunde –, es gibt Gefäße aus Muscheln, geflochtene Körbe, Blumen und eine lebensgroße, noch nicht fertiggestellte Tonfigur einer Xhosa-Frau. Unter einem Stück Stoff verbirgt sich eine andere unvollendete Figur, die, wie sich zeigt, ein erstaunlich treffendes Bildnis von J. L. B. Smith darstellt. Vor kurzem hat sie angefangen, Blumen auf Keramikkacheln zu malen, die jetzt zum Trocknen auf der Fensterbank liegen. Fast siebzig Jahre sind vergangen, seit sie begonnen hat, am East London Museum zu arbeiten, aber die Jahre, die sie dort zunächst als einfache Angestellte, dann als Leiterin gearbeitet hat, waren sicherlich die wichtigste Zeit in ihrem Leben.

»Ich habe immer davon geträumt, in einem Museum zu arbeiten«, erzählt sie. »Wenn das nicht möglich sein sollte, wollte ich Krankenschwester werden.« Mit einundzwanzig verlobte sie sich mit Alfred Hill, einem Freund aus Kindertagen. Er war ein gutaussehender, geselliger Mann. »Wir sind immer auf einen Hügel gestiegen, nicht weit von der Farm der Familie meiner Mutter auf den Addo Heights, und haben uns geküßt. Von dort aus konnten wir sehen, wie die Lichter des Leuchtturms von Bird Island über das Meer strichen.« In Marjorie entstand der sehnliche Wunsch, die kleine, abgelegene Insel zu besuchen. Ein Jahr später löste sie die Verlobung: »Er mochte es nicht, daß ich ständig Pflanzen sammelte und auf Bäumen hinter Vögeln herkletterte«, erinnert sie sich mit einem Lachen. »Er sagte, das sei nur was für kleine Mädchen, und er wolle keine Frau, die so was macht. Später habe ich mich in Eric Wilson verliebt, dessen Vater ein Stahlwerk besaß. Als er starb, brach mir das Herz. Er war meine große Liebe, und ich habe mich danach nie wieder verliebt.«

Sie entschloß sich, Krankenschwester zu werden, und bekam einen Platz in einem Lehrgang in King Williams Town. Ein paar Wochen, bevor dieser begann, wurde sie allerdings von Dr. George Rattree, einem befreundeten Naturforscher, eingeladen, ihren eigentlichen Wunschtraum zu verfolgen und sich für eine Stelle an dem damals noch im Bau befindlichen Museum von East London zu bewerben. »Ich mußte mich beim Vorstand vorstellen, in dem der Bürgermeister und all die alten Herren der Stadt saßen, und ich zitterte vor Angst. Dr. Bruce-Bays, der Vorsitzende, wollte wissen, ob ich Klavier spiele. Ja, sagte ich so leise, daß ich mich fragte, ob er mich überhaupt gehört hatte. Sie stellten mir alle möglichen Fragen über das, was ich gerne machte. Dr. Rattree fragte: ›Wissen Sie irgend etwas über Krallenfrösche?‹ Ich sagte, ›Natürlich‹, und erzählte ihm in allen Einzelheiten von der Fortpflanzung dieser Tiere und wo man sie finden konnte und wo nicht. An diesem Vormittag hatten fünfundzwanzig Mädchen ihr Vorstellungsgespräch, und alle waren schön angezogen. Ich trug ein selbstgenähtes Kleid mit einem Glockenblumenmuster und einen lustigen kleinen Strohhut. Ich dachte nicht, daß ich den Posten bekommen würde.« Neun Tage später wurde ihr die Stelle für ein Gehalt von zwei Pfund pro Monat angeboten. Sie war allein für die Einrichtung der Ausstellung und den Museumsbetrieb verantwortlich. Es war ihre erste Stelle, sie war vierundzwanzig Jahre alt.

»Im August 1931 übernahm ich das Museum. Es war nichts drin. Unten war ein kleiner Raum, wo unglaublich viel Kram aufbewahrt wurde. Es gab sechs mottenzerfressene Vögel, die ich verbrannte – es ist ein Wunder, daß sie mich nicht gleich wieder rausgeworfen haben. Sie hatten ein Präparat von einem Ferkel mit sechs Beinen, ungefähr zwölf recht hübsche Bilder von East London und zwölf Drucke mit Kaffern-Kriegsszenen. Das war's. Ach ja, es gab noch eine Schachtel mit Steinwerkzeugen, die Dr. Bruce-Bays gesammelt hatte und die ungefähr soviel mit Steinwerkzeugen zu tun hatten wie meine Handtasche. Die wanderten alle auf den Müll.«

Am ersten Tag ging sie voller Sorge nach Hause, wie sie jemals genug Ausstellungsstücke für das Museum auftreiben könnte. Am nächsten Tag nahm sie eine Axt mit ins Museum und zertrümmerte die »scheußlichen, ganz scheußlichen« Schaukästen, die mit der Spende eines Mäzens aus dem Städtchen angeschafft worden waren. Sie trug ein paar alte Abendkleider, Porzellan und Schmuck zusammen und richtete damit und mit den von ihr gesammelten Steinwerkzeugen, der Perlstickerei-Sammlung ihrer Mutter, die bis auf das Jahr 1858 zurückging, und dem Ei der ausgestorbenen Riesentaube von ihrer Großtante die Sammlung des Museums ein.

Vom ersten Tag an bildete das Museum den Mittelpunkt in Marjories Leben. »An den Wochenenden suchte ich Wildblumen, die ich etikettierte, weil ich den Kindern ihre Namen beibringen wollte.« An jedem Wochenende, in den Ferien war sie mit Sammeln beschäftigt und bereicherte die wachsende Ausstellung des Museums mit südafrikanischen Meeresmuscheln, Algen, Vogeleiern, Schmetterlingen, Faltern, Insekten und ethnologischem Material aus der Gegend.

Das East London Museum hatte bald einen guten Ruf. 1932 waren zwei Würdenträger zu Besuch, die so sehr von der »Dame vom Museum« (wie sich Marjorie selbst bezeichnet) beeindruckt waren, daß sie es ihr ermöglichten, sechs Monate am Museum in Durban zu verbringen. Dort lernte sie alle Arten von Tieren und Pflanzen zu präparieren, nachzubilden und zu klassifizieren. Voller Begeisterung und mit großen Plänen kehrte sie in ihr Museum zurück.

Im Dezember 1933 lernte Marjorie J. L. B. Smith kennen, der sie aufforderte, ihm alle Fische zu schicken, die sie klassifizieren lassen wollte. »Ich mochte Professor Smith sehr gerne«, sagte sie. »Die Leute hielten ihn für schwierig, aber ich bin mit schwierigen Menschen immer gut ausgekommen. Den alten J. L. B. habe ich wirklich sehr gemocht und bewundert. Er war zwar sehr genau, und ich hatte immer Angst, etwas falsch zu machen, wenn er dabeistand, aber ich habe ihn wirklich sehr gemocht. Ich hatte das große Glück, viele solcher wunderbaren Freunde zu haben.«

1933 lud man sie ein, sechs Monate im South African Museum in Kapstadt zu verbringen. Bei ihrem Aufenthalt lernte sie einen Mr. Patterson kennen, der für alle küstennahen Inseln verantwortlich war, zu denen auch jenes Bird Island gehörte, das sie von ihren Schmusereien mit Alfred Hill abgelenkt hatte. »Ich war immer überzeugt, daß ich zu bestimmten Dingen in meinem Leben berufen war. Bird Island gehörte dazu«, sagt sie heute. »Die Familie meiner Mutter stammte von Siedlern ab, die sich in den zwanziger Jahren des 19. Jahrhunderts hier niedergelassen haben, und die Lichter von Bird Island leuchteten in ein Schlafzimmerfenster ihres Hauses auf den Addo Heights. Als ich klein war, jagten sie mir Angst ein, und meine Mutter sagte dann zu mir, hab keine Angst, das sind bloß die Lichter, die den Seeleuten den Weg übers Meer weisen. Ich dachte, was für ein wunderbarer Ort das doch sein muß. Als ich dann Mr. Patterson kennenlernte, mußte ich die Gelegenheit einfach beim Schopfe packen.

Ich habe nie jemand so sehr becirct wie Mr. Patterson. Zu dieser Zeit war Frauen der Besuch von Bird Island nicht gestattet. Aber ich habe ihn mit meinen Bitten traktiert. Immer wenn ich keinen Dienst im Museum hatte, habe ich ihn besucht und ihm Früchte und Süßigkeiten mitgebracht. Schließlich hat er nachgegeben und gesagt, wenn ich noch eine Frau finden würde, die mich begleitet, dann würde er mir die Erlaubnis erteilen, die Insel zu besuchen. Ich habe also meine Mutter gefragt, als ich nach Hause kam. Sie sagte ja, aber was würde mein Vater dazu sagen? Ich meinte, sie solle ihm einfach nur erzählen, daß wir auf die Insel fahren wollen und ich eine Erlaubnis habe.«

»Margie hat ihre Mutter rumgekriegt, sie nach Bird Island zu begleiten«, schrieb ihr Vater. »Ich bin wirklich böse auf die beiden. Willie ist kein Deut besser als Marjorie. Nichts kann sie mehr aufhalten.« Aber er gab ihnen seine Erlaubnis. »Es war im November 1936, wir waren mit all unserem Gepäck in Port Elizabeth, bereit aufzubrechen«, erinnert sich Margie. »Am Abend vor der Abreise kam ein Telegramm von meinem Vater, in dem er uns mitteilte, daß er mit uns kommen würde. Er hatte aber keine Erlaubnis. Ich ging zum Hafenkapitän in Port Elizabeth, ich hätte vor Wut schreien können, weil ich überzeugt war, daß er mich jetzt noch daran hindern würde, auf die Insel zu kommen. Ich wollte auf den Schlepper und abfahren, bevor er eintraf, aber der Hafenkapitän sagte, ich solle erst einmal abwarten, er werde sehen, was sich tun ließe. Daddys Zug kam um acht Uhr in der Früh an, es goß wie aus Kübeln, und wir waren seit fünf Uhr morgens am Hafen, unser Proviant und das Gepäck waren schon auf dem Schlepper. Ich wollte meinen Vater nicht mal begrüßen. Er war sehr zufrieden mit sich, aber ich freute mich nicht besonders, ihn zu sehen, weil ich immer noch nicht wußte, ob sie ihn mit uns fahren lassen würden. Er bekam jedoch die Erlaubnis, und so machten wir uns alle gemeinsam auf den Weg.

Wir verbrachten ungefähr drei Monate dort – es war wunderbar. Daddy langweilte sich fast zu Tode. Gerade zu dieser Zeit hatte der Prince of Wales abgedankt, und es gab keine Zeitungen auf der Insel. Natürlich wollte Daddy alles darüber wissen, und er ging uns damit furchtbar auf die Nerven. Mir war das egal, ich war schließlich auf Bird Island und hatte meinen Spaß.«

»Manchmal frage ich mich, ob sie wirklich meine Tochter ist, so seltsame Vorstellungen von Vergnügen hat sie«, schrieb ihr Vater in sein Tagebuch, während sie auf Bird Island waren. »Welches Mädchen ihres Alters würde sich in die Einsamkeit eines gottverlassenen Ortes wie diesen begeben? Aber sie ist hier ganz in ihrem Element. Sie hat gelernt zu schießen und ist schon eine gute Schützin.«

Marjorie durchstreifte jeden Tag die anderthalb Quadratkilometer große Insel, auf der 27000 Vögel lebten. Sie sammelte, präparierte und beobachtete das Brutverhalten von Tölpeln, Seeschwalben, Albatrossen und Pinguinen. Sie sammelte

Meeresfische und -pflanzen und Muscheln – alles, was für das Museum von Interesse sein könnte. Es war kalt, und sie trug in ihrer Jacke einen Zwerghasen herum.

Über Jahre kehrte sie immer wieder nach Bird Island zurück, es blieb für sie ein ganz besonderer Ort: »Ich sehe mir meine Bilder an«, sagt sie und holt ein großes Album mit Schwarzweißphotographien, jede einzelne mit verblaßter Tinte beschriftet, »und ich bekomme Heimweh.« Auf den Bildern ist ein lächelndes junges Mädchen in einem einfachen Baumwollkleid zu sehen, das mitten unter Tausenden von Vögeln steht. Bird Island war Marjorie Courtenay-Latimers ganz persönliches Reich, und als die Zeit zur Heimreise gekommen war, hatte sie fünfzehn Packkisten mit Material für das Museum gesammelt.

»Damals lernte ich auch Kapitän Goosen kennen«, erzählt Marjorie. »Er war Kapitän auf der *Nerine* und legte regelmäßig auf Bird Island einen Halt ein, um für seine Mannschaft Kaninchen mitzunehmen, wenn sie keine Lust mehr hatten, Fisch zu essen. Kapitän Goosen interessierte sich für meine Arbeit und erklärte sich freundlicherweise bereit, auf jeder Fahrt eine meiner Packkisten nach East London mitzunehmen. Als sie alle hier waren, sagte er, er würde gerne für das Museum sammeln. Ich entwarf einen großen Behälter, in dem er Fische für das Museum und das Aquarium aufbewahren konnte. Kapitän Goosen war ein freundlicher, guter Mann. Ich habe ihn sehr gemocht. Er sammelte alles – Seesterne, Haie, alles, was ihm unterkam. Dann rief er mich immer an, und ich fuhr mit dem Taxi zum Hafen, holte mir die Fische und präparierte sie.

Es war der neueste Fund von Kapitän Goosen, der die Dame vom Museum in so große Aufregung versetzte. Elf Tage waren vergangen, seit Marjorie Courtenay-Latimer den Brief und die Zeichnung an J. L. B. Smith geschickt hatte, und noch immer hatte sie keine Antwort erhalten. Der Brief war von der Rhodes-Universität in Grahamstown nach Knysna, einem fünfhundert Kilometer entfernten Küstenort, weitergeleitet worden, wo J. L. B. Smith und seine Frau Margaret ihre Ferien verbrachten. Weihnachten und Neujahr hatten seine Zustellung verzögert.

J. L. B. Smith war ein schmächtiger Mann mit einer schlechten Konstitution. Als ihm am 3. Januar 1939 ein Freund die Post vorbeibrachte, war er noch immer von einer kürzlich überstandenen Krankheit geschwächt. Auf einem der Briefumschläge erkannte Smith Marjories Handschrift. Er öffnete den Brief und las ihre Beschreibung des Fisches. Als er umblätterte, stieß er auf die Skizze.

»Ich starrte die Zeichnung an, zunächst war ich irritiert«, schrieb er in *Vergangenheit steigt aus dem Meer*, seinem Bericht über die Geschichte des Quastenflossers. »Ich kannte keinen solchen Fisch, der in unserem oder einem anderen Meer beheimatet war. Er sah mehr wie eine Eidechse aus. Und dann schien eine Bombe in meinem Kopf zu platzen, und hinter der Skizze und dem Papier des Briefes blitzten vor meinem geistigen Auge eine Reihe fischartiger Wesen auf, Fische, die es nicht mehr gab, Fische, die in dunklen, lang vergangenen Zeitaltern gelebt hatten und von denen man nur einzelne versteinerte Überreste kennt.«

Er rief sich selbst zur Vernunft, aber je länger er die Zeichnung ansah, den Schwanz, die gliedmaßenähnlichen Flossen und die großen Schuppen, desto überzeugter war er, daß dieser Fisch dem Fossil eines Fisches ähnlich war, das er gesehen hatte – eines Fisches, der angeblich seit über siebzig Millionen Jahren ausgestorben war. »Meine Vermutung war so vollkommen lächerlich, daß ich mich mit meinem gesunden Menschenverstand wegen der Idiotie, so etwas auch nur zu denken, selbst verspottete«, schrieb er.

Fern jeder Idiotie war es vielmehr die bemerkenswerte Leistung eines äußerst beweglichen Geistes. Smith hatte anhand einer flüchtigen, nicht besonders gekonnten Zeichnung eines anderthalb Meter langen Fisches, der im Indischen Ozean vor Südafrika gefunden worden war, die Verbindung zu einem Fossil hergestellt, das etwas über dreißig Zentimeter lang und zweihundert Millionen Jahre alt war und über dessen Fund in den kalten Gewässern Grönlands er einmal in einem Wissenschaftsjournal gelesen hatte.

Margaret Smith war erstaunt über das seltsame Verhalten ihres Mannes. Er stand da und starrte schweigend auf den Brief. Schließlich wandte er sich ihr zu und sagte: »Ich weiß, du wirst mich für verrückt halten – aber sie haben bei East London den Fisch gefunden, der zu einer Art gehört, von der man allgemein annimmt, er sei vor vielen Millionen Jahren ausgestorben.«

»Ich habe tatsächlich im ersten Moment geglaubt, daß er einen Sonnenstich hat, aber die neun Monate meiner Ehe mit diesem brillanten älteren Mann hatten mich vieles gelehrt, und statt mit meinen Zweifeln herauszuplatzen, fragte ich ihn ganz ruhig: ›Wie kommst du zu einer solchen Annahme?‹ ›Siehst du den Schwanz hier?‹ sagte er. ›Kein lebender Fisch hat einen solchen Schwanz.‹« Sie sah sich den Brief an und wies ihn auf das Datum hin – er war schon fast zwei Wochen alt. Sorgen überkamen J. L. B. Er kannte die einfache Ausstattung des Museums und befürchtete das Schlimmste. Daher schickte er ein Telegramm an Marjorie:

»AEUSSERST WICHTIG:
KONSERVIEREN SIE SKELETT,
KIEMEN UND EINGEWEIDE DES
BESCHRIEBENEN FISCHES.«

Smith wußte, daß er zur Bestätigung seiner Vermutung das Tier selbst sehen mußte, aber aus einem unerklärlichen Grund machte er sich nicht sofort auf den Weg nach East London. In

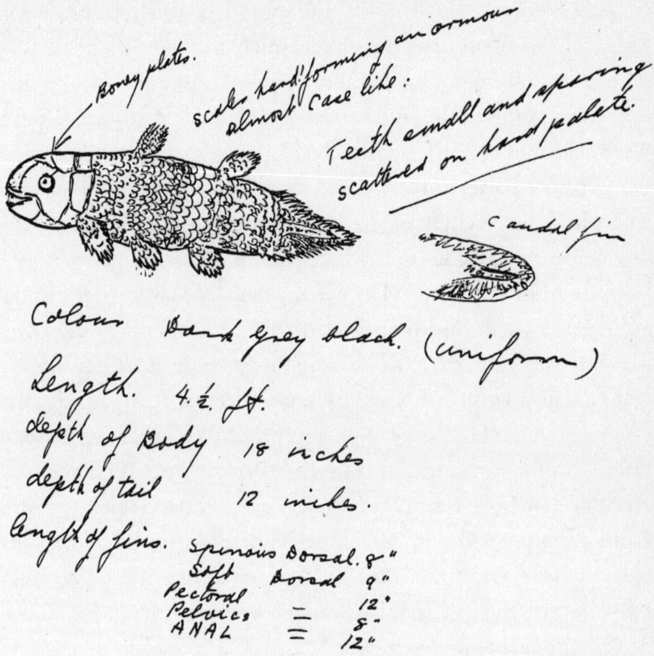

Skizze des Quastenflossers, die Marjorie Courtenay-Latimer dem ersten Brief an J. L. B. Smith beilegte

Vergangenheit steigt aus dem Meer begründete er dies damit, daß er mit Examenskorrekturen für die Universität beschäftigt gewesen war und diese Aufgabe nicht gut liegenlassen konnte. Insgeheim befürchtete er aber auch, daß sich die erhoffte außerordentliche Entdeckung nicht bestätigen würde. Noch am selben Tag, an dem er Marjories Brief erhalten hatte, verfaßte er ein längeres Antwortschreiben, in dem er sie dringend bat, die Weichteile des Fisches aufzubewahren, und ihr seine Vermutung über dessen Herkunft anvertraute: »Ihrer Zeichnung und Beschreibung des Fisches nach zu urteilen, ähnelt er Formen, die schon lange ausgestorben sind, aber ich möchte ihn unbedingt erst selbst sehen, bevor ich mich festlege. In der Zwischenzeit sollten Sie gut auf ihn aufpassen und es nicht riskieren, ihn irgendwohin zu schicken.« Er konnte Marjorie Courtenay-Latimer erst am nächsten Morgen, wenn das Postamt wieder geöffnet hatte, anrufen, und so verbrachte er den Rest des Tages und die Nacht in einem fieberhaften Zustand, in dem ihm die Zeichnung wieder und wieder durch den Kopf ging.

In East London hatte Marjorie mittlerweile fast die Hoffnung aufgegeben, von Smith zu hören. Als sie schließlich das Telegramm erhielt, worin er sie bat, die Eingeweide aufzubewahren, war es schon zu spät. Dreizehn Tage waren vergangen, seit ihr der Fisch in die Hände gelangt war, und Mr. Center, der Präparator, hatte schon längst die inneren Organe und Teile des Gewebes vernichtet. Beim Präparieren hatte er das Skelett und die Haut erhalten können, die mittlerweile durch das Formalin braun geworden war. Als Smith Marjorie am nächsten Tag endlich telefonisch erreichte, betonte er, wie wichtig die Innereien des Fischs seien, und schickte Marjorie zur städtischen Müllkippe, um sie zu suchen. Aber die arme Marjorie hatte kein Glück: Der Müll von East London wurde ins Meer geworfen.

Smith verbrachte die nächsten Wochen in einem Zustand höchster Erregung. Je mehr er in der Fachliteratur las, desto überzeugter war er, daß es sich bei dem Fisch um einen Coelacanthus handelte, also einen urzeitlichen, vierhundert Millionen Jahre alten Fisch. Sein Vertrauen wurde noch durch seine schon lange bestehende Überzeugung gestärkt, daß er dazu ausersehen sei, ein »recht außergewöhnliches Wesen zu entdecken. Das hatte sich so sehr in meinem Kopf festgesetzt, daß dieses Vorgefühl mich in einem gewissen Sinne in den Stand versetzte, mit einer solch phantastischen Möglichkeit umzugehen, so wie die mir zur Verfügung stehenden Möglichkeiten und meine Kenntnisse die Rahmenbedingungen für das Auftauchen des

Coelacanthus bildeten – und ich tatsächlich bereit war, sie in einer offensichtlich impressionistischen Skizze von jemandem, der kein Ichthyologe ist, zu sehen, während mein gesunder Menschenverstand sie weit von sich wies.«

J. L. B. Smith hatte genug Erfahrung, um zu wissen, was eine solche Entdeckung bedeutete: Sie würde den wichtigsten zoologischen Fund des Jahrhunderts darstellen. Wenn er sie aber als solche ankündigte und sich herausstellte, daß er unrecht gehabt hatte, würde er sich zum Gespött der gesamten wissenschaftlichen Welt machen. Bevor er nicht in East London gewesen war, konnte er nicht wirklich sicher sein. »Diese Tage waren schrecklich, und die Nächte waren noch schlimmer«, schrieb er. »Zweifel und Ängste suchten mich heim. Wozu sollte dieses teuflische Vorgefühl nutze sein, wenn ich mich damit nur zum Idioten in der Wissenschaft machte? Fünfzig Millionen Jahre!* Es war lächerlich, daß der Quastenflosser all die Zeit überdauert haben sollte, ohne daß der neuzeitliche Mensch davon gewußt hätte.«

Er schrieb an K. H. Barnard vom South African Museum und formulierte vorsichtig seine Vermutung. Die Antwort kam prompt – Barnard war äußerst skeptisch. Als wollte er sich selbst beruhigen, sah sich Smith immer wieder Marjories Brief und die Skizze an. Er schrieb ihr noch einmal:

KNYSNA 9. Januar 1939

Liebe Miss Latimer,

Ihr Fisch bereitet mir viele Sorgen und schlaflose Nächte. Der Umstand, daß ich so weit weg bin, macht die Sache nur noch schlimmer. Ich halte es für höchst beklagenswert, daß die Weichteile des Fisches nicht erhalten geblieben sind, selbst wenn sie inzwischen fast verfault wären. Leider muß ich sagen,

* Heute geht man davon aus, daß die gefundenen Fossilien von Fischen stammen, die vor siebzig Millionen Jahren ausstarben.

daß ihr Verlust eine der größten Tragödien der Zoologie darstellt, da ich nach einiger Überlegung mehr denn je davon überzeugt bin, daß Ihr Fisch der urzeitlichsten Art, die je entdeckt wurde, angehört. Es ist mit größter Wahrscheinlichkeit ein Crossopterygier, in einer Verbindung mit Formen, die im frühen Mesozoikum oder vorher ihre Blütezeit hatten, die aber vor vielen Millionen Jahren ausstarben. Über den inneren Aufbau solcher Fische ist vergleichsweise wenig bekannt und über die Weichteile natürlich überhaupt nichts, da uns nur fossile Reste zur Verfügung stehen, die uns etwas über die Beschaffenheit dieser Fische verraten. Ihr Fisch weist die allgemeinen äußeren Merkmale eines Quastenflossers auf, der in der Frühzeit im nördlichen Europa und in Amerika verbreitet war. Ob es sich um eine neue Gattung oder Familie handelt, kann ich nur durch eine Untersuchung bestimmen, aber ich bin sicher, daß auf die zoologische Welt eine große Sensation wartet.

Ihnen als Entdeckerin zu Ehren habe ich den Fisch vorläufig (gegenwärtig nur für mich) auf den Namen *Latimeria chalumnae* getauft, es kann sogar eine bislang neue Familie sein.

Mit herzlichen Grüßen,
Ihr
J. L. B. Smith

»Dieser Brief hat mich in einen schrecklichen Zustand versetzt«, erinnert sich Marjorie. »Ich hatte immer Angst, J. L. B. gegenüber etwas falsch zu machen. Ich rief ihn an und sagte ihm, wenn er früher gekommen wäre, dann wäre auch nichts weggeworfen worden. Mir war aber klar, daß alles meine Schuld ist, und dieser Gedanke hat mich seither verfolgt.« Diesmal nicht von ungelegenen Feiertagen behindert, entspann sich nun ein reger Briefwechsel zwischen East London und Knysna. J. L. B. schrieb noch einmal an Barnard in Kapstadt, bat aber auch dieses Mal nicht um dessen Hilfe. »Ich habe die ganze Sache immer als meine Angelegenheit betrachtet«, erklärt er in *Vergangenheit steigt aus dem Meer.* »Es stand für mich außer Frage, daß ich für die Entscheidung über die Identität des Tieres die volle Verantwortung übernehmen würde. Ich hatte mich aus freien Stücken dazu entschlossen, diese schreckliche Verantwortung allein zu übernehmen und mir damit gegebenenfalls selbst die Schlinge um den Hals zu legen.« In einem Brief bevollmächtigte er Miss Latimer, der Mannschaft des Trawlers zwanzig Pfund anzubieten, wenn sie ein weiteres, unversehrtes Exemplar bringen würden. Sie schickte ihm ein paar Schuppen, die ihn in der Überzeugung bestärkten, den Fisch richtig klassifiziert zu haben.

Am 16. Februar schließlich kamen J. L. B., der schmächtige, aber sehr viel Energie ausstrahlende Mann, und seine hochschwangere Frau Margaret Smith in East London an. Ungeachtet des strömenden Regens gingen sie direkt zum Museum, um dort Marjorie Courtenay-Latimer und den Quastenflosser zu sehen.* Ihrem Tagebuch zufolge war sie seit sechs Uhr morgens im Museum, wo sie aufgeregt wartete. Smith wurde in den mittleren Raum geführt, wo er den Fisch, der auf Marjories großem Arbeitstisch lag, das erste Mal sah. »Ich wußte zwar, was auf mich wartete, aber dieser Anblick traf mich doch wie ein Keulenschlag, und mir wurde ganz seltsam zumute, und ich bebte am ganzen Körper. Ich stand da wie zu einer Salzsäule erstarrt. Ja, es gab nicht den Schatten eines Zweifels – Schuppe für Schuppe, Knochen für Knochen, Flosse für Flosse war es ein Quastenflosser.«

* In seinem Buch schrieb Smith, daß Courtenay-Latimer nicht im Museum war, als sie dort eintrafen. Dem widerspricht diese entschieden: »Das hat mich immer geärgert, weil ich doch so darauf gewartet hatte, daß er kam. Und dann steht in seinem Buch, daß ich nicht da war – als ob ich einkaufen gegangen wäre! Ich ging nie einkaufen; zu so etwas hatte ich doch kaum Zeit.«

Ex Africa semper

aliquid novi

Aus Afrika kommt stets etwas Neues

Von allen Fischen, die auf wundersame Weise wieder »zum Leben erwacht« sein könnten, war der Quastenflosser bei weitem der interessanteste, und Smith war sich seiner Bedeutung sehr wohl bewußt. Als Marjorie Courtenay-Latimer am 22. Dezember 1938 den schönen blauen Fisch entdeckte, hatte man seit fast genau einhundert Jahren von der einstigen Existenz der Quastenflosser gewußt. Im Jahr 1839 hatte der Schweizer Wissenschaftler Louis Agassiz das Fossil eines ungewöhnlichen Fischschwanzes beschrieben, das bei Straßenbauarbeiten in Durham im Norden Englands in Mergelschichten aus dem Perm gefunden worden war. Er stellte fest, daß die Flossenstrahlen des Schwanzes hohl waren, und gab dem Fisch deshalb den Gattungsnamen *Coelacanthus* (griechisch für Hohlraum) *granulatus* (wegen des Höckermusters auf den Schuppen).

In den folgenden Jahren wurden überall auf der Welt bei Ausgrabungen viele ähnliche Fossilien gefunden: in Deutschland, England, den Vereinigten Staaten, China, Brasilien, Madagaskar und Grönland. Kennzeichnendes Merkmal dieser Funde waren die hohlen Stacheln und die seltsam gelappten Flossen, von diesen Gemeinsamkeiten abgesehen schien der Quastenflosser in allen Formen und Größen vorzukommen.

Manche waren dick, andere waren dünn, sie hatten große Körper und kleine Schwänze oder große Schwänze und kleine Flossen. Ihre Größe reichte von einigen Zentimetern bis hin zu drei Metern. Der älteste Vertreter, *Diplocercides,* wurde in Gestein aus dem Devon gefunden, was auf ein Alter zwischen 375 und 410 Millionen Jahren schließen läßt. Die jüngsten Vertreter, der Gattung *Macropoma* zugehörig und nur etwa dreißig Zentimeter groß, wurden an verschiedenen Orten in Europa und Asien in Süßwasser in etwa siebzig Millionen Jahre alten Ablagerungen aus der Kreidezeit gefunden. Es gab keine Fossilienfunde von Quastenflossern aus späterer Zeit, und bis 1938 nahm man an, daß sie wie die Dinosaurier und eine Vielzahl weiterer Arten gegen Ende der Kreidezeit ausgestorben waren. Paläontologen verwendeten die empfindlichen und verwirrenden Fossilien, um die Fische nach ihren Vorstellungen im Detail nachzubilden, zumindest soweit es das äußere Erscheinungsbild und das Skelett betraf. Je mehr sie über die Fossilien der Quastenflosser herausfanden, desto aufregender erschien ihnen der Fisch.

Dies war zum Teil auf eine Revolution in der Biologie zurückzuführen. Im Jahr 1859 erschien *Die Entstehung der Arten.* In diesem Werk und der später veröffentlichten *Abstammung des Menschen* teilte Charles Darwin der staunenden Welt mit, daß der Mensch durch natürliche Auslese im Verlauf eines evolutionären Prozesses entstanden war, daß wir von Affen abstammten, diese von Reptilien und die wiederum von Fischen. Da der Familienstammbaum jedoch Lücken aufwies, bestand immer noch Grund zur Skepsis. Die Kirche behielt eine antievolutionäre Position bei: Die Beweislast für die Evolutionstheorie lag bei der Wissenschaft. Plötzlich wurde jedes Lebewesen, aus Vergangenheit und Gegenwart, mit neuer Faszination betrachtet, während sich die Wissenschaftler bemühten herauszufinden, an welche Stelle der evolutionären Kette es paßte, um Darwins Theorie zu unterstützen. Sie begannen, Stück für Stück die Glieder zusammenzufügen, indem sie sich der fossilen Überreste ausgestorbener Tiere bedienten, und untermauerten so ihren Standpunkt. An erster Stelle der Missing links – der fehlenden Glieder der Evolution – stand im wahrsten Sinne des Wortes der erste Schritt, der jemals in der gesamten Entwicklungsgeschichte unternommen wurde. Der Moment nämlich, in dem die Fische das Meer verlassen und sich auf dem Land anzusiedeln begonnen hatten. Wenn es gelänge, einen Beweis für die Verbindung zwischen Meeres bewohnern und Landbewohnern zu finden, würde dies die Evolutionstheorie unterstützen und den Anhängern der Schöpfungsgeschichte den Wind aus den Segeln nehmen.

Noch in den dreißiger Jahren, als sich herausstellte, daß der Quastenflosser nicht ausgestorben war, wurde die Evolution nach wie vor heiß diskutiert.

Vor dem Devon (vor 410 bis 360 Millionen Jahren) gab es kein Leben auf dem Land, abgesehen von einigen dornigen, niederen Pflanzen, Skorpionen und anderen Insekten. Die Erde bestand aus großen Kontinenten, die völlig anders aussahen, als wir sie kennen, und befand sich in einem ständigen, wenn auch langsamen Prozeß der Veränderung. In den riesigen Süßwasserseen wimmelte es vor Leben, während das Land öde und leer war. Es gab Lebewesen in allen Formen und Größen, von denen wir die meisten heute nicht mehr erkennen würden: kleine, flache, gepanzerte, kieferlose Panzerfische, die auf dem Meeresgrund lebten und ständig mit offenem Maul auf Futtersuche waren, riesige Nautili von der Größe eines Menschen, Seeskorpione, die größer als Hummer waren, die ersten kiefertragenden Fische, die Placodermi, von denen manche eine Größe von mehreren Metern erreichten, und eine frühe Form großer Haifische, die damals schon gefürchtete Räuber waren.

In diesem Erdzeitalter, das oft als Zeitalter der Fische bezeichnet wird, tauchten die ersten Knochenfische, die Vorfahren aller Wirbeltiere, auf. Mit ihrer schwer gepanzerten Außenhaut, die als Schutz gegen die allgegenwärtigen Raubfische diente, wären aber auch diese für uns heute ein ungewohnter Anblick. Die Knochenfische umfassen zwei Gruppen, die Strahlenflosser oder Actinopterygier, mit einer einzelnen Rückenflosse und paarigen Brust- und Bauchflossen wie die meisten Fische, die wir heute kennen, und die Fleischflosser – die Coelacanthini, die Lungenfische und die Rhipidistier – deren Flossen aus fleischigen, gliedmaßenähnlichen Stielen zu wachsen scheinen, fast wie zehenlose Beinstümpfe. Diese sind unter dem Namen Sarcopterygier bekannt (*sarcò*, fleischig, *pterygii,* Flügel oder Flosse) und weisen als charakteristisches Merkmal eine zweite Rückenflosse auf. Viele davon sind Räuber, und zu manchen Zeiten gab es sie offensichtlich im Überfluß: in Schiefergestein aus dem Trias, das während Bauarbeiten für ein neues Bibliotheksgebäude der Princeton University abgetragen wurde, fand man im Schnitt mehrere Dutzend Quastenflosser-Fossilien pro Quadratmeter.

Irgendwann gegen Ende des Devon hatte eine einzelne Art von Süßwasser-Fleischflossern Beine entwickelt. Wissenschaftler waren sich darin einig, daß diese neue Art *Ichthyostega* (wörtlich: laufender Fisch) aus dem Meer gekrochen war und das Land erobert hatte. Weniger Klarheit herrschte allerdings darüber, welche der Gruppen sich zu *Ichthyostega* entwickelt hatte: die Lungenfische, die Rhipidistier oder die Coelacanthini?

Paläontologen unterzogen ihr fossiles Material sorgfältigen Untersuchungen und konnten dazu immer stärkere Mikroskope verwenden. Der Reihe nach wurde jeder der Fische zu unserem Urahnen erklärt. Die Forscher brüteten über den Fossilien der Coelacanthini, der Lungenfische und der Rhipidistier, um Hinweise auf Kiemen oder ein Herz oder irgend etwas anderes zu finden, das vor den ersten Atemzügen vorhanden gewesen sein könnte – aber solange ihnen keine Weichteile zur Untersuchung zur Verfügung standen, konnten sie niemals wirklich sicher sein. Mit dem Auftauchen eines lebenden Coelacanthus begann ein neues Kapitel in der Suche nach unserem ältesten lebenden Vorfahren.

J. L. B. Smith ging einige Male um den Quastenflosser herum, ohne ein Wort zu sagen. Es war ein wunderbarer Augenblick: Nach nahezu sieben Wochen der Verzweiflung und des Aufruhrs, in denen er an nichts anderes gedacht und von nichts anderem als dem Fisch geträumt hatte, lag er schließlich vor ihm. Seine Vorahnung hatte sich bestätigt: Er war tatsächlich der erste, der dieses außergewöhnliche und wichtige neue Lebewesen erkannt hatte. Er trat nahe an den Fisch heran und berührte ihn. Dann wandte er sich Marjorie zu und sagte: »Mädchen, von dieser Entdeckung werden alle Wissenschaftler auf der ganzen Welt reden.«

»Ich war erstaunt und überrascht, vor allem aber freute ich mich, daß der Fisch schließlich identifiziert worden war und einen Namen bekommen hatte. Ich stellte Dr. Smith alle möglichen Fragen, die er allerdings nur ausweichend beantwortete«, erinnert sie sich. »Er setzte sich hin und sagte: ›Sich vorzustellen, daß ein so alter Fisch existieren könnte!‹ Ich fragte ihn: ›Wie alt ist er?‹ Er zählte die Ringe auf seinen Schuppen und sagte, er sei etwa dreiunddreißig Jahre alt, aber sein Ursprung reiche eher auf mehr als siebzig Millionen Jahre zurück. Mir wurde ganz schwindlig. Ich war also auf der richtigen Spur gewesen. Es handelte sich um ein lebendes Fossil.«

In der Nacht, nachdem Smith den Quastenflosser identifiziert hatte, konnte von Ruhe keine Rede sein, wie sich seine Frau erinnerte: »Kaum war ich eingeschlafen, weckte er mich und fragte: ›Ich träume doch nicht, Liebes, oder?‹ und kurz darauf: ›Entschuldige, daß ich dich wecke, aber ich bin doch nicht verrückt, oder?‹«

J. L. B. Smith wußte, daß er die offizielle Bestätigung durch seine Kollegen abwarten mußte. Er hatte vor, die Entdeckung in der führenden britischen Wissenschaftszeitung *Nature* bekanntzugeben und dem Fisch gleichzeitig einen wissenschaftlichen Namen zu geben. Womit er nicht gerechnet hatte, waren das Interesse und die Begeisterung, die sofort in der breiten Öffentlichkeit ausgelöst werden würden. Die Nachricht sickerte durch, als ein Photograph vom *East London Daily Dispatch* auftauchte, denn Marjorie, die immer daran dachte, was das Beste für ihr Museum war, hatte die Zeitung benachrichtigt, daß die Smiths an diesem Tag kommen würden. J. L. B. gewährte ein Interview, weigerte sich aber zunächst, den Photographen, Mr. Adams, eine Aufnahme machen zu lassen: Er befürchtete, daß ihm jemand anderes zuvorkommen und dem Fisch einen Namen geben könnte, bevor er seinen Bericht in einer Fachzeitschrift veröffentlicht hätte. Er ließ sich schließlich aber von Marjorie umstimmen und erlaubte Adams, ein Photo zu machen, unter der ausdrücklichen Bedingung, daß es nur im *Daily Dispatch* erscheinen sollte. Mr. Adams erwies sich als echter Paparazzi und verkaufte das Photo rund um die Welt – sogar das East London Museum mußte zwei Guineen für einen Abzug bezahlen.

Smiths Angst vor wissenschaftlicher Piraterie war jedoch unbegründet. Das Interview mit dem *Daily Dispatch* erschien am 20. Februar, am gleichen Tag, an dem der Quastenflosser im Museum ausgestellt wurde. Vom frühen Morgen an bildete sich eine Schlange von Neugierigen um den Block – alle wollten einen Blick auf die zoologische Sensation werfen, die vor ihrer Küste gefunden worden war. Während der Fund die Phantasie der Öffentlichkeit beflügelte und den Lexika einen neuen Eintrag hinzufügte, begegnete ihm die wissenschaftliche Welt weiterhin mit einem gewissem Maß an Skepsis. Jemand vom British Museum in London – zu jener Zeit oberste Autorität auf dem Gebiet der Naturgeschichte – rief Marjorie in ihrem kleinen Museum an und erkundigte sich, ob sie sich völlig sicher sei, daß es sich nicht um einen toten Fisch gehandelt habe, der lediglich Millionen von Jahren im Schlamm eingeschlossen gewesen war, bevor er in Kapitän Goosens Schleppnetz landete. Sie antwortete, sie sei sich sicher. Welchen Beweis habe sie? »Ich erklärte ihm also, daß der Fisch um elf Uhr dreißig eine blaue Farbe gehabt hatte, die um siebzehn Uhr zu einem schmutzigen Grau verblichen war. Er fragte noch einmal, ob ich mir sicher sei, und ich sagte: ›Zum letzten Mal, ja.‹«

Am 22. Februar schickte das East London Museum den Fisch mit einer Polizeieskorte per Bahn nach Grahamstown. Er wurde in das Haus von Smith in einen eigens dafür hergerichteten Raum gebracht. »Er hatte einen merkwürdigen, kräftigen und penetranten Geruch, einen Geruch, der in den kommenden Wochen unser Leben im Wachen und Schlafen durchdringen sollte«, schrieb Smith. Allen Familienmitgliedern wurden Maßnahmen zum Schutz des Fisches eingeschärft, er durfte niemals allein im Haus gelassen werden, und im Falle eines Brandes sollte der Fisch als erstes in Sicherheit gebracht werden. Smith wurde rund um die Uhr von dem Quastenflosser in Anspruch genommen.

Nach einer ersten Untersuchung des Fisches schickte er ein Photo und seinen Bericht über die äußeren Merkmale des Quastenflossers nach London an *Nature*. Der Artikel begann mit den Worten von Plinius: *Ex Africa semper aliquid novi* – Aus Afrika kommt stets etwas Neues. Am Tag der Veröffentlichung wurde Smiths Anspruch auf die Namensgebung für den Fisch besiegelt. Er würde fortan *Latimeria chalumnae J. L. B. Smith* heißen. Die Spezies würde nun für alle Ewigkeit den Namen mit einer zierlichen jungen Frau aus East London und einem exzentrischen, besessenen Wissenschaftler aus Grahamstown teilen.* Der Artikel in *Nature* brachte auch die meisten skeptischen Stimmen aus wissenschaftlichen Kreisen zum Schweigen. Am 16. März 1939 hielt J. R. Norman vom British Museum einen Vortrag über Smiths Artikel vor der Linné-Gesellschaft in London – eben jene erhabene Gesellschaft, der Darwin seine Evolutionstheorie zuerst enthüllt hatte – und setzte damit ein weiteres Zeichen wissenschaftlicher Anerkennung.

Seit Darwin den Begriff »lebendes Fossil« geprägt hatte, um die lebenden »Relikte einer ehemals herrschenden Ordnung« zu beschreiben, von der vorher nur aufgrund von Fossilfunden etwas bekannt gewesen war, hatte eine kostspielige Suche stattgefunden, um Vertreter dieser urzeitlichen Organismen zu finden. Darwin hatte vermutet, daß lebende Fossilien in den Tiefen der Meere zu finden seien, die von den einschneidenden Umweltveränderungen relativ unberührt geblieben waren, welche wiederum die treibende Kraft beim evolutionären Wandel gewesen waren.

Um diese Tiefen zu erforschen und zu vermessen, wurde von der Royal Society, der britischen Admiralität und dem British Museum eine großangelegte, dreieinhalb Jahre dauernde Expedition ins Leben gerufen. Im Dezember 1872 lief die H.M.S. *Challenger*, ein umgebautes Schiff der Kriegsmarine, mit einer Besatzung von zweihundertvierzig Matrosen und Wissenschaftlern von Portsmouth aus. Bis auf zwei Kanonen waren alle

* »Als mir Dr. Smith schrieb, daß er den Fisch nach mir benannt hatte«, erinnert sich Marjorie Courtenay-Latimer, »sagte ich, meiner Meinung nach hätte er nach Kapitän Goosen benannt werden sollen, der ihn mir mitgebracht hatte, ohne ihn hätte es schließlich keinen Coelacanthus gegeben. ›Aber es waren letztlich Sie, die ihn für die Wissenschaft gerettet hat‹, erwiderte er.«

Geschütze des einstmals mächtigen Dampfers abmontiert und statt dessen Abertausende von Probenbehältern, Mikroskopen und großen Fässern mit Alkohol zum Konservieren an Bord gebracht worden. Eines der vorrangigen Ziele des Expeditionsleiters C. Wyville Thomson war es, lebende Fossilien zurückzubringen, die laut Darwins zuversichtlicher Vorhersage in jenen Tiefen lebten, zu deren Erforschung sich die Expedition auf den Weg gemacht hatte.

Das Schiff umrundete den gesamten Globus und durchkreuzte die Ozeane und Meere von den Tropen bis zu den Polen mit riesigen Fischnetzen und schweren Schleppnetzen aus Metall, die die weichen Ablagerungen vom Meeresboden abtrugen. Es war alles andere als eine Vergnügungsfahrt: Manchmal wurde der große Dampfer von riesigen Wellen herumgeworfen, die drohten, alles von Deck zu fegen, was sich dort befand, vier Matrosen und ein Wissenschaftler starben, zwei der Männer wurden verrückt, einer beging Selbstmord, und einundsechzig desertierten – von der nervtötenden Eintönigkeit des jahrelangen Schleppnetzfischens zur Verzweiflung getrieben.

Doch trotz alledem galt die Expedition als voller Erfolg. Die Wissenschaftler machten große Fortschritte bei der Erstellung einer Topographie des Meeresbodens und gaben damit einer neuen Wissenschaft, der Ozeanographie, ihren Namen. Sie konnten bestätigen, daß es in den Meerestiefen von seltsamen Lebensformen wimmelte, und identifizierten alles in allem 4712 neue Spezies. Bei der Suche nach einem lebenden Fossil waren sie jedoch weniger erfolgreich: Sie fanden nur eines, eine kleine und nicht besonders interessante Tintenfischart mit dem Namen *Spirula*.

Angesichts des seltenen Vorkommens lebender Fossilien war die Entdeckung des Coelacanthus ein herausragendes Ereignis, schließlich war er nicht nur ein lebendes Fossil, sondern noch dazu eines, von dem man annahm, daß zwischen ihm und der Abstammung des Menschen eine enge Verbindung bestand. Auf der ganzen Welt überschlugen sich die Medien geradezu. Von New York bis Sri Lanka erschienen in allen Zeitungen und Magazinen Berichte. Ein langer Artikel im *Auckland Star* aus Neuseeland trug die Schlagzeile »Loch Ness in den Schatten gestellt«. Die *London Illustrated News* veröffentlichte zusammen mit einem Artikel von Dr. E.I. White vom British Museum ein nahezu lebensgroßes, ausklappbares Bild. Unter der Schlagzeile »Eines der erstaunlichsten Ereignisse in der Naturgeschichte im zwanzigsten Jahrhundert« wurde die Entdeckung als »sensationell« bezeichnet und behauptet, »dieses Ereignis ist eine ebenso große Überraschung, wie wenn man ein lebendes Exemplar des Dinosauriers *Diplodocus*, eines vierundzwanzig Meter großen Reptils aus dem Mesozoikum, entdeckt hätte«. Smith fand den Artikel jedoch stellenweise herablassend und »wenig schmeichelhaft für den Wissenschaftler eines entlegenen Landes wie mich«. White hatte geschrieben: »Es wurde zwar schon vor einiger Zeit über diese Entdeckung berichtet, aber die Experten hatten die Nachricht mit berechtigter Skepsis aufgenommen – ihnen sind bewußte Falschmeldungen oder die fehlgeleitete Begeisterung von Unkundigen nur allzu vertraut, um solchen Berichten Glauben zu schenken, bevor Beweise vorliegen, die sie untermauern. (Man denke nur an den Fall des ›Endfield-Sauriers‹, bei dem es sich in Wirklichkeit um einen unglücklichen Gaul gehandelt hatte, oder den des ›Suffolk-Mammuts‹, der einen Experten dazu veranlaßte, nach East Anglia zu eilen, um lediglich die in Ackerfurchen verteilten Überreste von Fischdünger vorzufinden.)«

In Übereinstimmung mit der von Darwin aufgestellten Behauptung brachte White seine Überzeugung zum Ausdruck, der Quastenflosser sei »fast mit Sicherheit ein Wanderer aus größeren Meerestiefen, in denen seine Gattung vor dem grimmigen Konkurrenzkampf mit den aktiveren neueren Fischtypen Zuflucht gefunden hat«. Diese Ansicht sollte in wissenschaftlichen Kreisen weite Verbreitung finden, und Smith reagierte darauf mit Spott: »Für mich schloß ein Blick auf den Coelacanthus jeden Gedanken daran aus, daß er in den ›unerreichbaren Tiefen des Meeres‹ lebte; aber eine Anzahl Wissenschaftler in der ganzen Welt nahm dies mit einem Seufzer unkritischer Erleichterung hin. Wenn ich mir diesen Fisch ansah, schon beim ersten Mal, schien er so deutlich, als ob er sprechen könnte, zu sagen: ›Sieh dir meine harten gepanzerten Schuppen an. Sie greifen übereinander, so daß sie eine dreifache, dicke Schicht über meinem ganzen Körper bilden. Sieh dir meinen knochigen Kopf und meine kräftige Stachelflosse an. Ich bin so gut geschützt, daß kein Felsen mich verletzen kann. Natürlich lebe ich in felsigen Gebieten, zwischen Riffen, unterhalb des Spiels von Wellen und Brandung, und glaub mir, ich bin ein zäher Bursche und fürchte mich vor nichts in der See. Schon meine blaue Farbe sagt dir sicherlich, daß ich nicht in der Tiefe leben kann. Blaue Fische findest du dort nicht.‹«

Nature veröffentlichte einen Brief, in dem J. L. B. vorgeworfen wurde, den Fisch nach Marjorie Courtenay-Latimer benannt zu haben, schließlich habe sie der Wissenschaft durch den Verlust der Eingeweide einen schlechten Dienst erwiesen. Darauf antwortete er mit scharfen Worten: »Nur durch die Energie und die Entschlußkraft von Miss Latimer wurde so viel von dem Fisch gerettet, und Wissenschaftler haben alle Ursache, ihr dankbar zu sein. Der Name *Latimeria* gilt als mein Tribut.«

Smith verbrachte in den folgenden Monaten jede freie Minute in seinem Haus, wo er den Quastenflosser sezierte und an der offiziellen Monographie für die Royal Society of South Africa arbeitete. Um daneben noch seinen universitären Verpflichtungen nachkommen zu können, stand er um drei Uhr morgens auf und arbeitete bis sechs Uhr an dem Fisch. Dann machte er einen sechs Kilometer langen Spaziergang über die Hügel, schrieb bei der Rückkehr seine Beobachtungen nieder, frühstückte und brach um acht Uhr dreißig zur Universität auf. In der Zwischenzeit tippte seine Ehefrau Margaret seine Notizen ab, die er in der Mittagspause durchsah und korrigierte. Nachmittags erledigte sie die zweite Niederschrift, so daß er von fünf bis zehn Uhr abends weiterarbeiten konnte. Wenn sein ältester Sohn Bob (aus einer früheren Ehe) von der Schule nach Hause kam, fand er mit Anweisungen versehene grobe Skizzen von einzelnen Teilen des Fisches vor, die darauf warteten, ins reine gezeichnet zu werden. Margaret erlebte jede Phase von Smiths Arbeit mit: »Ich wurde Zeugin seiner Verzweiflung, als er auf die Eisennägel des Präparators stieß oder die Löcher, die man in den Schädelknochen gebohrt hatte. Ich teilte seine Aufregung, als er direkt unter der Haut die unbeschädigten und unberührten, wunderbaren, feinen extraskapularen Knochen fand, die im Genick die Sinneskanäle aufnehmen«, erinnerte sie sich. Es war eine intensive und arbeitsreiche Zeit. »Wir hatten kein geselliges Leben, geschäftliche und finanzielle Dinge traten in den Hintergrund, und unsere Nahrung erreichte ihre Bestimmung nur über und zwischen Manuskriptseiten«, schrieb Smith. »Wir hatten Tag und Nacht kein anderes Gesprächsthema, keine Gedanken, weder Augen noch Ohren für etwas anderes als den Quastenflosser. Wir konnten ihn nie vergessen, schon gar nicht mit diesem Geruch.«

In jener Zeit erhielt der Quastenflosser den Spitznamen »Missing link«, hauptsächlich von nicht-wissenschaftlichen Journalisten, die von der Geschichte fasziniert waren. Dies hatte leider zur Folge, daß eine Flut von Briefen religiöser Fundamentalisten aus der ganzen Welt eintraf, die sich noch nicht mit der Evolutionstheorie ausgesöhnt hatten. Sie fielen über Smith her, weil er die Bibel ignoriere, wenn er solche »überheblichen Behauptungen« über Zeiträume von mehreren Millionen Jahren aufstelle. Wußte er denn nicht, daß Adam 4026 v. Chr. erschaffen worden war? Sie wetterten, die Evolutionstheorie sei übel: eine Erfindung des Teufels, eine Vorstellung, die er einigen Menschen eingegeben habe, damit sie andere vom rechten Weg abbringen würden.

Viele dieser Briefe, die Smith unter der Rubrik »Spinner« ablegte,* kamen aus Südafrika. Zu der damaligen Zeit und in noch höherem Maß in den folgenden Jahrzehnten unter der Regierung der Nationalpartei herrschten calvinistische Afrikaander über Südafrika, die die Lehre von der Evolution verboten. Noch 1994 war sie an staatlichen Schulen nicht zugelassen. Smith erlebte die gleichen Reaktionen, die dreizehn Jahre zuvor Raymond Dart, ein anderer berühmter südafrikanischer Wissenschaftler, erfahren hatte, als er sein Buch *The Torn Child* veröffentlichte, in dem er über die Entdeckung der Relikte des ersten Affenmenschen berichtete, ein tatsächlich fehlendes Glied in unserer Vergangenheit. Auch er hatte haßerfüllte Briefe erhalten, in denen er gewarnt wurde, er werde im »ewigen Höllenfeuer schmoren«. Die Presse erhielt Leserbriefe, in denen das »teuflische Unheil« angeprangert wurde.

»Ich finde es wunderbar ironisch, daß so viele bedeutsame Entdeckungen der evolutionären Natur in Südafrika gemacht wurden«, sagt Professor Philip Tobias, ein früherer Schüler Darts, der dessen Nachfolge als führender Paläoanthropologe Südafrikas angetreten hat. »Das Ganze war auch ein Beispiel für die gespaltene Geisteshaltung der Regierung. Obwohl man mit nationalem Stolz darauf reagierte, daß der erste Affenmensch in Südafrika gefunden wurde, ließ man erst in jüngster Zeit zu, daß die Evolutionslehre – und auch dann nur als freiwillige Ergänzung – in die Lehrpläne der Schulen aufgenommen wurde.«

* Margaret Smith fand diese Korrespondenz offenbar »irrelevant« und ordnete vom Sterbebett aus die Vernichtung des Ordners an.

J. L. B. Smith kam mit seinen Studien gut voran. Er geriet jedesmal in helle Aufregung, wenn er Strukturen entdeckte, die mit Millionen Jahre alten Fossilien übereinstimmten. Die Mitglieder des Kuratoriums des East London Museum reagierten jedoch mit wachsendem Unmut auf die Abwesenheit des Glanzstückes der Ausstellung. Sie schickten Smith ein Telegramm, in dem die sofortige Rückgabe verlangt wurde. Die Bevölkerung East Londons habe lautstark danach verlangt, den Fisch nochmals zu sehen, und von weither seien interessierte Beobachter angereist, weil sie einen Blick darauf werfen wollten. Obwohl Smith seine Untersuchungen noch nicht als abgeschlossen betrachtete, erklärte er sich zur Rückgabe des Fisches bereit. Am 3. Mai 1939 kehrte der Quastenflosser – erneut mit Polizeieskorte – in sein heimatliches Museum zurück. In den folgenden Wochen strömten die Besucher scharenweise in das Museum. Smith gab zu, bei der Abfahrt des Fisches ein »Gefühl der Erleichterung« empfunden zu haben, und Marjorie Courtenay-Latimer war überglücklich, ihren Fisch wieder bei sich zu haben.

Smiths ausführliche Monographie, die 106 Textseiten und 44 Photoplatten umfaßte, wurde Ende Juni an die *Transactions* der *Royal Society of South Africa* geschickt. Bemerkenswert an dieser Monographie war nicht nur ihre Ausführlichkeit, sondern auch das Fehlen einer Bibliographie. In der gesamten Abhandlung erwähnte Smith kein einziges Mal die Veröffentlichungen eines anderen Wissenschaftlers, ein nahezu unerhörtes Vorgehen in einer wissenschaftlichen Arbeit. Ihm und Margaret blieben fünf Tage, um sich von den nervenaufreibenden Monaten mit dem Quastenflosser zu erholen, dann wurde ihr erster gemeinsamer Sohn William geboren. »Er kam zwei Wochen zu früh auf die Welt«, sagte Margaret, »und war seitdem immer in Eile.« »Meine Großmutter«, erinnert sich William, »war davon überzeugt, daß sich bei meiner Geburt niemand um Sachen zum Anziehen für mich gekümmert hätte, während es andere gab, die befürchteten, ich könnte mit Schuppen geboren werden. Glücklicherweise fügte sich alles zum Besten. Meine Großmutter sorgte für die Kleidung, und ich hatte keine Schuppen.«

Einige Monate später, nachdem Marjorie Courtenay-Latimer einen Versuch des Kuratoriums, ihren Quastenflosser an das British Museum zu schicken, abgewehrt hatte, fuhr sie mit dem Fisch in einem besonderen, von den South African Railways zur Verfügung gestellten Eisenbahnwaggon nach Kapstadt. »Das war ein großartiges Erlebnis«, erinnert sie sich, »jedesmal, wenn Wachwechsel war, kamen sie zu mir und sagten: ›Dem Fisch geht es gut. Er schläft friedlich.‹ Als wir in Kapstadt ankamen, waren überall Fahnen gehißt. Ich dachte, damit sollte der Coelacanthus begrüßt werden, also habe ich gewunken, als wir durch die Straßen fuhren. Später habe ich erfahren, daß sich gerade wichtiger ausländischer Besuch in der Stadt aufhielt.« Im South African Museum machte sich Drury, der beste verfüg-

Marjorie Courtenay-Latimer und ihr Fisch, der Coelacanthus Latimeria chalumnae im Jahre 1939

bare Präparator, an die Aufgabe, den Quastenflosser wieder zusammenzusetzen. Da noch nie jemand einen lebenden Quastenflosser gesehen hatte und deshalb keiner wußte, wie er aussah, wenn er schwamm, setzte Drury – wie vor ihm Robert Center – den Fisch so zusammen, daß die Brust- und Bauchflossen nach unten zeigten und deutlich an Beine erinnerten.

Marjorie Courtenay-Latimer kehrte am 3. September 1939 nach East London zurück, dem Tag, an dem England und Frankreich Deutschland den Krieg erklärten. »In all dem Durcheinander und der Angst dachte ich immerzu nur daran, daß der Coelacanthus in Kapstadt in Sicherheit war.«

INTER PISCUM

Kein zweiter Quastenflosser in Sicht

J. L. B. versuchte, nicht weiter über den Verlust der Weichteile von *Latimeria* nachzudenken, aber es nagte doch an ihm, daß sie verloren waren, und schließlich gestand er sich ein, daß ihm die Vorstellung, einen zweiten Quastenflosser zu finden, keine Ruhe ließ. »Irgendwo mußte es noch andere geben«, schrieb er, »und im Hintergrund meines Denkens formte sich ›eine Wolke, nicht größer als eine Menschenhand‹, der Vorbote des Projekts, das alles andere in meinem Leben überschatten sollte – die Suche nach der Heimat des Coelacanthus.«

Er begann, finanzielle Mittel zu beschaffen, um für die Suche nach dem Quastenflosser ein geeignetes Schiff zu chartern, das ihn zu den Korallenriffen und Palmeninseln Ostafrikas bringen würde. Dort vermutete er die Heimat des Fisches. Er war sicher, daß *Latimeria* nicht an der südafrikanischen Küste beheimatet war, an der intensiv Fischfang betrieben wurde – wenn dies der Fall gewesen wäre, wäre er sicher schon früher aufgetaucht –, sondern daß er als Irrläufer an die ostafrikanische Küste getrieben worden war, getragen von der warmen, nach Süden fließenden Strömung vor Mosambik.

Der Ausbruch des Zweiten Weltkriegs gebot seinen Plänen jedoch Einhalt. Die Welt befand sich im Aufruhr, und ihm war klar, daß es ihm niemals gelingen würde, ein Schiff für Forschungsreisen im Indischen Ozean zu finden, bevor nicht wieder Frieden herrschte. Er kehrte zu seiner Tätigkeit als Chemieprofessor zurück, aber die bebilderte Monographie über den Quastenflosser blieb auf seinem Schreibtisch liegen und erinnerte ihn Tag für Tag an die große Aufgabe, die vor ihm lag. Es entsprach nicht seinem Wesen, die Suche aufzugeben: Während andere Männer sich mit dem Ruhm und der Anerkennung, die ihnen der erste Quastenflosser eintrug, begnügt hätten, war das für Smith erst der Anfang. Er würde noch einen Quastenflosser finden, aber zunächst mußte er sich in Geduld üben.

James Leonard Brierley Smith war kein gewöhnlicher Mann. Er war ein brillanter Kopf und arbeitete geradezu mit Besessenheit, dabei war er unfähig, sich seine eigenen Schwächen – hauptsächlich körperlicher Art – oder die Fehler anderer nachzusehen. Seine Arbeit war sein Leben, und er bezog die Menschen in seiner Umgebung so stark darin ein, bis sie auch ihr Leben bestimmte.

Smith wurde am 26. September 1897 in Graaff-Reinet geboren, einer hübschen, mehrere hundert Kilometer von der nächsten Küste entfernt in der südafrikanischen Karoowüste gelegenen Stadt, in der sein Vater Postmeister war. Es war Joseph Smith, Abkömmling englischer Seefahrer, der dem jungen J. L. B. die Freude am Fischen beibrachte: »Ich erinnere mich noch lebhaft, wie ich als ganz kleiner Junge mit irgendeinem ausrangierten Angelzeug in Knysna meinen ersten ›Dassie‹, eine Art Brasse, fing«, schrieb er. »Dieses wunderbare, schimmernde Ding, das ich da von der unbekannten Welt unter Wasser heraufgezogen hatte, machte auf mich einen gewaltigen Eindruck, einen tieferen wohl als alles andere bisher. Von da an wurde Angeln eine Leidenschaft, eine Narrheit, manchmal sogar ein Laster.«

Smiths Mutter, Emily Ann Beck, war eine schöne, aber gefühlskalte Frau. Sie war davon überzeugt, daß sie unter ihrem Stand geheiratet hatte, und ließ den Ehemann und die Familie

J. L. B. Smith während eines Angelausfluges Ende der 20er Jahre

ihre Verbitterung und Enttäuschung darüber spüren. Laut dem *Dictionary of South African Biography* »hatten die Eltern mit ihrem älteren Sohn wenig gemeinsam, sie hatten wenig Verständnis für seine Empfindsamkeit, seinen Forschergeist und sein Streben nach Wissen, Bildung und Kultur«. J. L. B. verließ sein Elternhaus als Heranwachsender und brach bald darauf jede Verbindung zu seiner Mutter und seiner Schwester Gladys ab. Niemals sprach er über seine Familie.

Er zeichnete sich an den örtlichen Schulen als glänzender Schüler aus und erhielt 1912 ein Stipendium für das Diocesan College in Rondebosch, Kapstadt, eine der besten Privatschulen Südafrikas, wo er als hervorragender Student galt. Eines Tages raste er auf seinem Fahrrad einen Hügel hinunter, als er plötzlich – zu spät – sah, daß die Straße von einem Gatter versperrt wurde, das am Tag zuvor noch nicht da gewesen war. Er krachte in das Gatter und erlitt eine Nierenquetschung. Ein Jahr lang litt er unter Blutungen. Mit diesem Unfall begann ein lebenslanger Kampf um seine Gesundheit.

Als sich J. L. B. Smith 1914 an der Universität immatrikulierte, brach der Erste Weltkrieg aus. Smith wollte sich sofort freiwillig melden, war aber noch zu jung und ging statt dessen zum Chemiestudium ans Victoria College in Stellenbosch – wo er bei den Abschlußprüfungen am Jahresende landesweit als Bester abschnitt. Dies brachte ihm eine ganze Reihe von Stipendien ein. Er war siebzehn Jahre alt, sah aber jünger aus. Das sollte sein ganzes Leben lang so bleiben, und er betrachtete dies eher als eine Belastung denn als einen Vorteil.

Ursprünglich wollte Smith nach England gehen, um in das Royal Flying Corps einzutreten, sobald er Ende 1915 alt genug war, überlegte es sich aber anders, als der südafrikanische Premierminister, General Jan Smuts, an das Volk appellierte, auf seiten der Alliierten in Deutschostafrika, dem heutigen Tansania, zu kämpfen. »So wurde ich, statt die Lüfte unsicher zu machen, ein erdgebundener schlichter Fußsoldat«, schrieb er. Es war eine entsetzliche Zeit: Die Männer lebten und kämpften in einer planlos geführten Schlacht unter furchtbaren Bedingungen. Smith war schon immer von schmächtiger Statur und trotz seiner beachtlichen sportlichen Leistungen (in Stellenbosch war er der beste Golfer, und später gehörte er der Rugbymannschaft seines Colleges an) war er nicht besonders kräftig. In Deutsch-ostafrika litt er an allen Arten schwerer und kräftezehrender Krankheiten: Malaria, Ruhr und akutem Gelenkrheuma. Während des Aufenthalts in einem kenianischen Krankenhaus starb er beinahe und wurde schließlich als Invalide nach Südafrika zurückgeschickt. Bis an sein Lebensende würde er damit beschäftigt sein, einen unablässigen Kampf gegen seine Krankheiten aus der Kriegszeit zu führen.

1916 kehrte Smith ans Victoria College zurück, um seinen Abschluß zu erwerben. Nach weiteren zwei Jahren, in denen er, wie er schrieb, von Fieberanfällen geplagt wurde und häufig krank war (es lag ihm fern, seine Beschwerden zu verharmlosen), machte er sein Diplom in Chemie mit Auszeichnung. Er arbeitete hart und schnitt in allen Prüfungen unweigerlich als Bester ab, aber er war nicht engstirnig: Er liebte Shaw und Shakespeare und war, nach den Worten seines engen Freundes E. G. Malherbe, mit »einer blühenden Vorstellungskraft« gesegnet.

Smith erhielt ein Auslandsstipendium und ging im Jahr 1919 an das Selwyn College in Cambridge, um dort zu promovieren. Am Selwyn College widmete er sich der Forschung über Senfgase und lichtempfindliche Farbstoffe, er unternahm ausgedehnte Reisen und lernte fließend Deutsch. Vier Jahre später kehrte Smith nach Südafrika zurück und wurde Dozent – später außerordentlicher Professor für Organische Chemie – an der Rhodes University in Grahamstown, wo »Doc«, wie man ihn nannte, sich bald den Ruf eines hervorragenden – wenn auch jähzornigen – Lehrers erwarb, der völlig in seiner Arbeit aufging. Seine früheren Studenten erinnern sich noch an seine raschen Bewegungen, die wohlüberlegte, nahezu pedantische Art, wie er Vorlesungen hielt, und an die Angewohnheit, einen Gesprächspartner zunächst nicht direkt anzuschauen, sich ihm plötzlich zuzuwenden, um ihn dann mit einem durchdringenden Blick anzustarren.

Seine Liebe zum Angeln gab er niemals auf. Zwangsläufig führte sie dazu, daß er sich für Fische interessierte. Da nun für Smith kaum ein Unterschied zwischen Interesse und Leidenschaft bestand, begann er, jede freie Minute mit der Bestimmung der gefangenen Fische zu verbringen. Damals standen nur wenige Nachschlagewerke zur Verfügung, und so entwickelte er ein eigenes numerisches System zur Bestimmung und Klassifizierung von Fischen. »Es kostete mich über ein Jahr lang meine ganze freie Zeit, und ich mußte dazu mehr als eine Million Zahlen niederschreiben, aber es bewährte sich«, schrieb er. Er nahm Verbindung zum Albany Museum in Grahamstown auf und begann, kurze Artikel in den Jahrbüchern des Museums zu veröffentlichen. Es dauerte nicht lange, bis J. L. B. Smith ein Name war, der in ichthyologischen Kreisen mit Respekt genannt wurde, und häufig wandten sich Leute an ihn, wenn sie Hilfe bei der Bestimmung eines Fisches benötigten.

Es war, als ob er zwei Vollzeitbeschäftigungen hätte: Während des Semesters Chemie und in den Ferien Ichthyologie, und beiden widmete er sich mit unerschöpflicher Energie. Er erforschte die Südküste Südafrikas in ihrem weiteren Verlauf und arbeitete ehrenamtlich als Berater für die Fischabteilungen der kleineren Provinzmuseen – einschließlich des East London Museum mit seiner begeisterten jungen Leiterin Marjorie Courtenay-Latimer –, die er regelmäßig besuchte, um auch die seltsamsten Fische zu untersuchen und zu klassifizieren. Er nahm Kontakt zu Fischereiunternehmen auf und blieb manchmal wochenlang mit den Trawlerbesatzungen auf See, »oft so seekrank, daß ich kaum imstande war, die schwankenden, schlüpfrigen Decks entlangzukriechen, um unter dem zur Seite geräumten schleimigen Abfall zu wühlen«. Am glücklichsten war er immer, wenn er in der freien Natur war, bekleidet mit ausgebeulten Khakishorts und Sandalen, die durchdringend blauen Augen gegen das Sonnenlicht zusammengekniffen und die Haare jungenhaft kurz, fast militärisch, geschnitten.

Damals begann Smith auch mit dem Studium fossiler Fische. Er konnte sich »kaum ein fesselnderes wissenschaftliches Gebiet vorstellen; aber mein Leben war schon so hoffnungslos ausgefüllt, daß ich es nicht wagte, diesem Wunsch weiter nachzugeben. Dennoch gingen diese fremdartigen Geschöpfe aus vergangenen Tagen in meinem Bewußtsein dauernd ein und aus und erfüllten mich mit einem fast quälenden Schmerz, daß sie nun für immer verschwunden und niemals mehr zu sehen waren.« Die ersten vierzig Jahre seines Lebens waren regelrecht eine Vorbereitung auf die Entdeckung des Quastenflossers, obwohl er das zu diesem Zeitpunkt noch nicht wußte.

Im Jahr 1934 kam eine neue Studentin in Smiths Einführungskurs in Chemie. Mary Margaret Macdonald war eine ruhige, beliebte junge Frau und eine gute Studentin, vor allem in Chemie. Sie war die jüngste Tochter von William Chisholm Macdonald, einem aus Neuseeland stammenden Arzt, und Helen Evelyn Zondagh, der ersten Bürgermeisterin in der Kapkolonie und Nachfahrin des Voortrekker-Führers Johannes Jacob Uys. Ihre Urgroßmutter hatte im Alter von vierzehn Jahren bei der Schlacht am Blood River einem Mann, der versucht hatte, unter ihren Wagen zu kriechen, mit der Axt den Schädel gespalten. Mary war Klassensprecherin und Schulsprecherin der Indwe High School in der Kapprovinz, Vorsitzende des Debattierclubs und Kapitänin der Tennismannschaft. Sie war eine sehr talentierte Sängerin und Musikerin und hatte zu Hause in Eisteddfods zahlreiche Preise gewonnen. Sie war entschlossen, Karriere zu machen, und ihr erster Schritt dazu war ein Abschluß in Physik und Chemie in Rhodes. Und dort lernte sie den charismatischen Smith kennen.

Später gestand sie, daß sie zuerst furchtbare Angst vor ihm hatte und ihr erst in ihrem dritten Jahr klar wurde, daß er trotz allem auch ein Mensch war. Dem Autor und Photographen Peter Barnett erzählte sie: »Die Anforderungen des Professors hinsichtlich des Arbeitspensums und Benehmens übersteigen die Fähigkeiten eines normalen Menschen, aber viele seiner früheren Studenten sind heute erfolgreiche Männer. Sie kommen oft, um ihn zu besuchen, inzwischen als Freunde, und lachen über all das, was sie in ihrer Studentenzeit unter ihm durchmachen mußten. Seine Studenten teilten sich in zwei Lager, diejenigen, die ihn mochten, und diejenigen, die ihn nicht mochten. Diejenigen, die ihn mochten, waren seiner Ansicht nach diejenigen, die arbeiteten. ›Arbeiten‹ wurde bei ihm großgeschrieben. Den anderen machte er das Leben schwer und verschwendete keine Zeit mit ihnen.«

In ihrem zweiten Jahr verkündete ihr Smith, daß er beabsichtige, sie zu heiraten. »Nein, das werden Sie nicht tun«, antwortete sie. Nach ihrem Abschluß folgte er ihr jedoch bis nach Johannesburg und bestand darauf, daß sie ihn heiratete. Bei der Hochzeit sagte J. L. B. seiner jungen Frau, er könnte ihr zwar nicht versprechen, sie glücklich zu machen, doch er könnte ihr zumindest versprechen, daß sie sich niemals langweilen würde.

Margaret Smith (nach der Hochzeit begann sie, ihren zweiten Vornamen zu benutzen: »Während Mary Macdonald einen guten Klang hatte, war Mary Smith zu hart«, meinte sie) war eine intelligente, warmherzige Frau, die mit jedem Menschen, der ihr begegnete, Freundschaft schloß. Sie war gutaussehend, mit markanten Gesichtszügen und dunkelgrauen Augen. Ihr

Mann war neunzehn Jahre älter als sie und bestand darauf, vielleicht um den Altersunterschied zu verwischen, daß sie kein Make-up trug und ihr dunkles Haar zu einem strengen Knoten hochsteckte. Er brachte sie auch dazu, die Musik, die eine ihrer großen Leidenschaften war, aufzugeben. »Musik wühlt die Gefühle auf«, pflegte er zu sagen, »deshalb hat sie keinen Platz in meinem Leben.« Margaret Smith wurde die Stiefmutter und gute Freundin seiner Kinder aus einer früheren Ehe, Robert, Cecile und Shirley, die nur wenige Jahre jünger als sie waren.*

Margaret widmete ihr Leben J. L. B. und seiner Arbeit und wurde zur perfekten Ergänzung ihres schwierigen Ehemannes. Sie rief ihn Len (sein zweiter Name war Leonard, aber alle anderen nannten ihn J. L. B. oder Doc). Wo er körperlich schwach war, war sie stark, sie glich seine Reizbarkeit durch Geduld aus, seine Unnahbarkeit durch Wärme. »Es war ein verdammt gute Ehe«, erzählt William Smith. »Sie empfanden unglaublich große Achtung füreinander. Jeder hatte das, was dem anderen fehlte, und sie waren glücklich miteinander – soweit Dad glücklich sein konnte. Ich bin mir nicht sicher, ob Menschen wie er überhaupt glücklich sein können, vielleicht ist es das, was sie so bedeutend macht.«

J. L. B. und Margaret Smith waren von Beginn ihrer Ehe an ein Team und teilten bis zu seinem Tod Arbeit, Leben und Träume miteinander. Es war sicher nicht immer einfach: J. L. B. lebte sein Leben mit einer Zielstrebigkeit, die weder Ablenkungen noch Auseinandersetzungen erlaubte. Margaret war

* In dem umfangreichen Archiv über Smith wird die erste Mrs. Smith, geborene Henriette Pienaar, nicht erwähnt. Es hat den Anschein, als hätten sie nicht besonders gut zueinander gepaßt: Sie war die Tochter eines Geistlichen der Holländischen Reformierten Kirche aus Somerset West in der Kapprovinz und schien den Wissenschaftler Smith nicht verstehen zu können. Nach der Scheidung blieben Bob und Cecile bei ihrem Vater in Grahamstown, während Shirley zu ihrer Mutter zog.

eine äußerst intelligente und tüchtige Frau, aber bei ihrem anspruchsvollen und egoistischen Ehemann blieb ihr nichts anderes übrig, als immer die zweite Geige zu spielen. »Eine Frau«, sagte sie einmal, »kann entweder unabhängig oder unentbehrlich sein, aber nicht beides. Ich habe mich entschieden, unentbehrlich zu sein.« Sie bewies ihre Stärke, als *Latimeria* entdeckt wurde, sie war der Fels, gegen den all die Zweifel und Ängste Smiths branden konnten. Während des Krieges begleitete sie ihn auf seinen Fischsammelzügen entlang der südafrikanischen Küste und entwickelte dieselbe Begeisterung wie ihr Ehemann für Fische.

J. L. B. ließ nicht zu, daß die Enttäuschung, die der Krieg seinen Plänen hinsichtlich des Quastenflossers bereitet hatte, seine anderen Unternehmungen beeinträchtigte. Jede Minute des Tages war der Arbeit gewidmet, es durfte nicht herumgetrödelt werden. Jean Pote, die ab 1966 seine Sekretärin war, beschreibt ihn als »sehr strengen Arbeitgeber. Er erlaubte keine Teepausen, wenn wir Tee wollten, mußten wir uns welchen an den Schreibtisch bringen lassen, so daß wir weiterarbeiten konnten.« Sie erinnert sich an seine Weigerung, jemanden einzustellen, der rauchte oder Parfüm trug, und daran, daß er darauf bestand, daß die Korrespondenz sofort nach ihrem Eingang erledigt wurde. »Briefe sind wie Fische«, pflegte er zu sagen. »Wenn man sie länger als drei Tage liegen läßt, fangen sie an zu stinken.«

Sein Sohn William berichtet: »Er war sehr ungeduldig, und man konnte eigentlich nicht mit ihm leben. Er war auf eine geradezu unglaubliche Weise zielstrebig, und obwohl das sicher sein Erfolgsrezept war, war es nicht unbedingt der Weg zum Glück. In meiner Kindheit war das Leben mit einem Mann von seiner Intelligenz sehr schwer, nie konnte ich gewinnen. Wir haben uns ständig gestritten: wenn ich aus der Schule nach Hause kam und wir nach einer halben Stunde noch keinen

Streit hatten, maß meine Mutter meine Temperatur. Sie war der Puffer, der Stoßdämpfer zwischen uns. Rückblickend betrachtet bestand die Gefahr, daß ich an ihm zerbrach. Aber das ist nicht passiert, und ich würde ihn gegen nichts in der Welt tauschen wollen.«

Es gibt zahlreiche Beispiele für Smiths außergewöhnlichen Verstand. Er hatte ein photographisches Gedächtnis, er konnte sechzehn Sprachen lesen und acht sprechen. Als er zum ersten Mal nach Mosambik reiste, lernte er in dreieinhalb Wochen Portugiesisch und hielt dann einen eineinhalbstündigen Vortrag in dieser Sprache, ohne Aufzeichnungen zu benutzen. Während des Krieges schaffte er es, in der Zeit, in der er nicht gerade seinen Lehrverpflichtungen nachkam oder nach neuen Fischen jagte, drei Chemiebücher zu schreiben, die in zahlreichen Auflagen erschienen und in mehrere Sprachen übersetzt wurden. Er verfügte aber auch über erstaunliche, fast übersinnliche, geistige Kräfte. »Wir machten einen Spaziergang«, erzählt William, »und näherten uns in Windrichtung einem äsenden Rehbock. Mein Vater gab uns ein Zeichen stehenzubleiben und konzentrierte sich auf den Rehbock. Der begann sofort unruhig hin und her zu laufen. Er wandte seine Aufmerksamkeit wieder von ihm ab, und der Bock äste weiter. Es war unglaublich.« Ein anderes Mal erkannte er aus einer Entfernung von fast fünfzig Metern einen Mann, den er noch niemals zuvor getroffen hatte, den Sohn eines Schulfreundes, welchen er wiederum seit mehr als fünfzig Jahren nicht mehr gesehen hatte. Seine Kopfform war offenbar ein untrügliches Erkennungszeichen gewesen.

Im Gegensatz zu seinem mächtigen Geist war sein Körper schwach. Zum Zeitpunkt seiner Heirat mit Margaret Smith im Jahr 1938 gaben ihm seine Ärzte nicht einmal mehr fünf Jahre zu leben. Er war jedoch entschlossen, vor dem Tod nicht zu kapitulieren. Und so entwickelte er vorbeugende Methoden im Kampf gegen seine Krankheiten. Er lief jeden Tag weite Strecken. Außerdem stellte er seine Ernährung um. Er nutzte seine Kenntnisse in Chemie, um die Funktionsweise des Magens zu untersuchen, was an welcher Stelle verdaut wurde, und entwickelte daraus eine der ersten Trennkostdiäten. Er weigerte sich, Proteine und Kohlehydrate zu mischen: Niemals aß er Fleisch mit Gemüse, oder Brot mit Butter oder Käse. Die Leute hielten ihn für verrückt. Jean Pote kann sich erinnern, daß seine Sandwiches üblicherweise aus zwei Scheiben Käse mit einem Stück Apfel dazwischen bestanden. Wie Peter Barnett, der die Smiths in den fünfziger Jahren auf einer ihrer Fischfangexpeditionen an der ostafrikanischen Küste begleitete, sagte: »Nahrung ist für die Smiths sehr wichtig, und da sie wie Preisboxer trainieren, lassen sie keine Kompromisse zu, was ihre Ernährung anbelangt. Grundsätzlich haben sie einen ausgezeichneten Speiseplan, aber er schließt Essen um des Vergnügens willen aus und stellt alles auf eine wissenschaftliche Grundlage.«

Ende des Krieges wurde Smith klar, daß er sein anstrengendes Doppelleben nicht weiterführen konnte. Er und Margaret waren »nachgerade Maschinen«, die rund um die Uhr arbeiteten. Obwohl er die Chemie liebte und ein ausgezeichneter Lehrer war, gehörte sein Herz den Fischen. Im September 1945 erhielt er von einem ihm bis dahin gänzlich unbekannten Mann namens Bransby Key das Angebot, ein allgemeinverständliches Buch über Fische zu schreiben, sowie eine Vorauszahlung von eintausend Pfund. Er reichte bei der Fakultät für Chemie umgehend seine Kündigung ein und bewarb sich kurze Zeit später mit Erfolg beim neu eingerichteten Council for Scientific and Industrial Research (CSIR) um eine Forschungsstelle für Ichthyologie. Die Universität brachte ihn in einem alten Militärgebäude unter, einer winzigen Baracke aus Holz und Wellblech, in der die neue Fakultät für Ichthyologie eingerichtet wurde. Von nun an wurde Smith dafür bezahlt, seiner Leidenschaft zu folgen.

Seit der Entdeckung von *Latimeria* waren acht Jahre vergangen, und Smith brannte darauf, mit der Suche nach der Heimat des Quastenflossers zu beginnen und ein weiteres Exemplar zu finden, dessen Weichteile unversehrt waren. Er bemühte sich, die Mittel zur Finanzierung einer großen panafrikanischen Expedition zu beschaffen, die ACME (African Coelacanth Marine Expedition) genannt wurde. Das zu diesem Zweck gegründete Komitee, das sich aus südafrikanischen Wissenschaftlern mit breitgefächerten Interessengebieten zusammensetzte, hielt endlose Sitzungen ab, und es gab hitzige Diskussionen über die Zielsetzungen dieser Expedition. Anfang des Jahres 1948 wurde jedoch klar, daß die ACME eine Pleite gewesen war.

Es entsprach allerdings nicht J. L. B. Smiths Wesen, einfach aufzugeben. Er hatte sich voll und ganz in den Dienst seiner Mission gestellt und würde sie auf die eine oder andere Weise zu Ende bringen. Also schlug er einen anderen Weg ein – wenn er nicht zum Quastenflosser kommen konnte, würde er den Quastenflosser zu sich kommen lassen. Bereits eine ganze Reihe von Personen, die behaupteten, einen Quastenflosser an verschiedenen Stellen vor der südafrikanischen Küste gesehen zu haben, hatten Kontakt zu ihm aufgenommen. In einigen Fällen waren ihre Beschreibungen vielversprechend genug, um J. L. B. optimistisch zu stimmen. Er war sicher, daß es lediglich eine Frage der Zeit wäre, bis ein weiteres Exemplar auftauchte, wenn es ihm nur gelänge, die Botschaft in einem größeren Umfang zu verbreiten. Er überredete das CSIR und die Rhodes University, eine Belohnung von 100 englischen Pfund für die Entdeckung der ersten beiden Quastenflosser auszusetzen. Marjorie Courtenay-Latimer veranstaltete im East London Museum eine Sonderausstellung über den Quastenflosser und übergab die Einnahmen J. L. B., der sie dazu verwendete, Tausende von Flugblättern drucken zu lassen. Diese Flugblätter, die ein Photo des Fisches zeigten und einen Finderlohn versprachen, wurden ins Französische und Portugiesische übersetzt und, soweit möglich, an der gesamten ostafrikanischen Küste verteilt. Smith setzte große Hoffnungen darauf, daß sie den gewünschten Erfolg bringen würden.

100 Pfund BELOHNUNG

Sehen Sie sich diesen Fisch gut an. Er könnte Ihnen Glück bringen. Beachten Sie den eigenartigen doppelten Schwanz und die Flossen. Der einzige, der jemals für die Wissenschaft erhalten werden konnte, war 160 cm groß. Andere Exemplare wurden gesehen. Wenn Sie das Glück haben, einen solchen Fisch zu fangen oder zu finden, SCHNEIDEN SIE IHN AUF KEINEN FALL AUF, UND SÄUBERN SIE IHN NICHT, sondern bringen Sie ihn, so wie er ist, sofort in einen Kühlraum oder zu einer verantwortlichen Person, die sich darum kümmern kann, und bitten Sie sie, sofort telegraphisch Professor J. L. B. Smith von der Rhodes University in Grahamstown, Südafrika, zu benachrichtigen. Für die ersten beiden Exemplare haben die Rhodes University und das South African Council for Scientific and Industrial Research jeweils 100 Pfund (10000 Esc.) Belohnung ausgesetzt. Wenn Sie mehr als zwei finden, heben Sie alle auf, da jeder für die Wissenschaft von Wert ist und man Sie gut dafür entlohnen wird.

In der Zwischenzeit setzte er sein Studium der südafrikanischen Fische fort. Er kam zu dem Schluß, daß er ostafrikanische Fische ebenfalls untersuchen müßte, um jene besser einordnen zu können. Deshalb unternahmen er und Margaret, begleitet von einer Gruppe von Künstlern, eine Reihe von Expeditionen an

PREMIO £ 100 REWARD
RÉCOMPENSE

Examine este peixe com cuidado. Talvez lhe dê sorte. Repare nos dois rabos que possui e nas suas estranhas barbatanas. O único exemplar que a ciência encontrou tinha, de comprimento, 160 centímetros. Mas já houve quem visse outros. Se tiver a sorte de apanhar ou encontrar algum NÃO O CORTE NEM O LIMPE DE QUALQUER MODO — conduza-o imediatamente, inteiro, a um frigorífico ou peça a pessoa competente que dele se ocupe. Solicite, ao mesmo tempo, a essa pessoa, que avize imediatamente, por meio de telgrama o professor J. L. B. Smith, da Rhodes University, Grahamstown, União Sul-Africana.

Os dois primeiros especimes serão pagos à razão de 10.000$, cada, sendo o pagamento garantido pela Rhodes University e pelo South African Council for Scientific and Industrial Research. Se conseguir obter mais de dois, conserve-os todos, visto terem grande valor, para fins científicos, e as suas canseiras serão bem recompensadas.

COELACANTH

Look carefully at this fish. It may bring you good fortune. Note the peculiar double tail, and the fins. The only one ever saved for science was 5 ft (160 cm.) long. Others have been seen. If you have the good fortune to catch or find one DO NOT CUT OR CLEAN IT ANY WAY but get it whole at once to a cold storage or to some responsible official who can care for it, and ask him to notify Professor J. L. B. Smith of Rhodes University Grahamstown, Union of S. A., immediately by telegraph. For the first 2 specimens £ 100 (10.000 Esc.) each will be paid, guaranteed by Rhodes University and by the South African Council for Scientific and Industrial Research. If you get more than 2, save them all, as every one is valuable for scientific purposes and you will be well paid.

Veuillez remarquer avec attention ce poisson. Il pourra vous apporter bonne chance, peut être. Regardez les deux queuex qu'il possède et ses étranges nageoires. Le seul exemplaire que la science a trouvé avait, de longueur, 160 centimètres. Cependant d'autres ont trouvés quelques exemplaires en plus.

Si jamais vous avez la chance d'en trouver un NE LE DECOUPEZ PAS NI NE LE NETTOYEZ D'AUCUNE FAÇON, conduisez-le immediatement, tout entier, a un frigorifique ou glacière en demandat a une personne competante de s'en occuper. Simultanement veuillez prier a cette personne de faire part telegraphiquement à Mr. le Professeus J. L. B. Smith, de la Rhodes University, Grahamstown, Union Sud-Africaine.

Le deux premiers exemplaires seront payés à la raison de £ 100 chaque dont le payment est garanti par la Rhodes University et par le South African Council for Scientific and Industrial Research.

Si, jamais il vous est possible d'en obtenir plus de deux, nous vous serions très grés de les conserver vu qu'ils sont d'une très grande valeur pour fins scientifiques, et, neanmoins les fatigues pour obtantion seront bien recompensées.

Flugblatt in Englisch, Französisch und Portugiesisch:
100 englische Pfund Belohnung als Finderlohn für einen Quastenflosser

die Küste zwischen Mosambik und Kenia. Bereits nach kurzer Zeit stellte sich heraus, daß die Autodidaktin Margaret besser als irgendeiner der Künstler Zeichnungen der Fische anfertigen konnte, die Smiths hohen Ansprüchen genügten. Sie übernahm also die Rolle der Illustratorin für ihren Ehemann und behielt sie für den Rest ihres gemeinsamen Arbeitslebens bei. Margaret Smith schuf wunderbare, detaillierte Aquarellzeichnungen von Tausenden verschiedener Fische.

Diese Expeditionen boten auch die Gelegenheit, nach dem Quastenflosser zu suchen. Sie erkundigten sich überall nach dem seltsamen Fisch und verteilten das Flugblatt in allen Fischerdörfern an der Küste. Auf Bazaruto, einer Insel vor Mosambik, sprach J. L. B. mit einem Fischer, der behauptete, er habe einige Jahre zuvor einen gefangen, und dessen Beschreibung des Fisches auf den Quastenflosser paßte. Dies war eindeutig ein ernstzunehmender Hinweis auf den Aufenthaltsort des Quastenflossers. Leider war es der einzige.

Ungefähr zur gleichen Zeit stieß man auf der anderen Seite der Welt auf den ersten einer Reihe von Anhaltspunkten, die auf eine verborgene Existenz des Quastenflossers hinzudeuten schienen, die sich weit entfernt vom Indischen Ozean, auf den J. L. B. Smith seine Suche konzentriert hatte, abspielte. 1949 fand Dr. Isaac Ginsburg von der Fischabteilung des National Museum in Washington D.C. eines Tages ein kleines Paket in seiner Post. Eine Frau aus Tampa, Florida, hatte ihm eine ungewöhnliche Fischschuppe geschickt, ungefähr von der Größe einer Dollarmünze und anders als alle Schuppen, die er jemals zuvor gesehen hatte. Die Frau schrieb, daß sie Inhaberin eines kleinen Andenkenladens sei und hauptsächlich Kunstgegenstände verkaufe, die irgendwie mit Fischen zu tun hatten. Viele dieser Artikel stelle sie selbst aus Strandgut – Muscheln und Fischschuppen – her. Im Jahr 1949 war eines schönen Tages ein einheimischer Fischer in ihren Laden gekommen und hatte ihr einen Eimer seltsamer Schuppen verkauft. Aus reiner Neugier hatte sie beschlossen, eine davon an das Museum zu schicken, um sie identifizieren zu lassen.

Ginsburg wendete die seltsame Schuppe hin und her. Er war verwirrt – noch nie zuvor hatte er eine solche Schuppe gesehen, und er erkannte sofort, daß der Fisch, zu dem sie gehörte, nicht im Golf von Mexiko oder irgendeinem anderen amerikanischen Gewässer beheimatet war. Er schrieb der Besitzerin des Andenkenladens und bat sie um weitere Informationen, aber er erhielt niemals eine Antwort, und genausowenig gelang es ihm, die Frau ausfindig zu machen. Er kam zu der Überzeugung, daß die Schuppe von einem urzeitlichen Fisch stammte, wahrscheinlich einem Crossopterygier, mit ziemlicher Sicherheit einem Coelacanthus. Im Jahr 1949 wußte die Wissenschaft lediglich von der Existenz eines einzigen Coelacanthus – *Latimeria chalumnae* –, und über den Verbleib von dessen Schuppen konnte kein Zweifel bestehen.

Die Aufmerksamkeit Smiths sollte davon jedoch nicht abgelenkt werden. Im Juli 1949 erschien *Sea Fishes of Southern Africa* und war innerhalb von drei Wochen vergriffen. In der Danksagung wurde Margaret höchste Anerkennung gezollt: »Meine Ehefrau ist von Anfang an meine Partnerin gewesen, sie ist Künstlerin, Ratgeberin, Mittlerin, Kritikerin und Sekretärin, und darüber hinaus ist sie eine äußerst geschickte Fischsammlerin. Sie hat oft schwere Zeiten mit mir durchgestanden und mir den Rücken gestärkt, wenn mich der Mut verließ. Ohne ihre Energie und ihre unermüdliche Begeisterung wäre dieses Buch niemals in der angemessenen Zeit vollendet worden.« Rasch wurden Vorbereitungen für eine neue Auflage getroffen, die im darauffolgenden Jahr veröffentlicht wurde und ebenfalls reißenden Absatz fand.

Zu Beginn der fünfziger Jahre unternahmen die Smiths erneut eine Reihe von Fischfangexpeditionen, um Material für weitere Bücher über die südafrikanische Fischfauna zu sammeln. Auf einer dieser Expeditionen, die nach Mosambik führte, begleitete sie Peter Barnett, ein junger englischer Photograph, der später ein anschauliches Buch über dieses Abenteuer schrieb.

In *Sea Safari with Professor Smith* beschreibt er die nervenaufreibende Expedition mit dem außergewöhnlichen und unbeugsamen Mann. »Der Professor hatte nicht die Angewohnheit, Lob zu verteilen, er sagte immer: ›Wenn ein Motor einwandfrei läuft, gibt es keinen Grund, Reparaturen durchzuführen oder einen Kommentar abzugeben. Aber wenn er einen Defekt hat, muß man ihn wieder zum Laufen bringen‹«, schrieb Barnett. »Ganz gleich, was ich tat, es paßte nicht, weil es nicht den unerfüllbaren Wünschen des Professors entsprach. Ich begann, von diesem Mann etwas mehr zu begreifen, er war ein ausgesprochener Egoist, grandios im sicheren Bewußtsein seines eigenen scharfen Verstandes.«

Er war beeindruckt von Smiths außerordentlicher Pünktlichkeit. »Wenn man eine Minute nach der vereinbarten Zeit, sagen wir mal drei Uhr fünfzehn morgens, erschien, war für jemanden wie Smith die logische Schlußfolgerung: ›Warum setzen wir das Treffen dann nicht für drei Uhr sechzehn oder vier Uhr sechzehn fest?‹ J. L. B. war der Ansicht, daß das, was den Homo sapiens von allen anderen Lebewesen unterschied, der Umgang mit Zeit war, und er war nicht sicher, daß Frauen zu den Homo sapiens gehörten, weil sie nicht immer pünktlich waren. Er war pünktlich, und er brauchte dazu nicht einmal eine Uhr.« Überdies war er erschreckend penibel, was Ordnung betraf: »Wie Lewis Carroll numeriert Professor Smith jeden Brief, den er schreibt, und legt alles zu den Akten. Er hatte den gesamten Inhalt der über fünfzig Gepäckstücke, die wir auf die Expedition mitnahmen, in einer Liste aufgeführt, bis hin zur kleinsten Schachtel mit Nadeln. In seiner Liste stand zum Beispiel ›Pinzetten‹ ganz unten rechts auf dem Blatt bei ›Kiste 48‹.«

Auf dieser Reise, die sie an der Küste entlang nach Norden führte, stellte Barnett fest, daß die Smiths »völlig verrückt nach Fischen waren, aber mir wurde bald klar, daß all ihre Gedanken ausschließlich um den Quastenflosser kreisten«. Er berichtete, daß sie ständig Stapel von Flugblättern mit sich herumschleppten, und sah sie häufig an den Anschlagtafeln in Häfen, in denen der Quastenflosser als der Hundertpfundfisch bekannt war. »Beide sprachen darüber ständig mit allen Leuten, die ihnen zuhörten, was praktisch alle waren, denn 100 englische Pfund versteht man in jeder Sprache, wie er sagte.«

Nachdem sie in einem Hafen eingetroffen waren, gingen sie für gewöhnlich zuerst auf direktem Weg zum Fischmarkt und dann zu den Fangbooten und Fischfallen, bevor sie um die Fische handelten, die sie sich ausgesucht hatten. Wenn sie selbst zum Fischen hinausfuhren, ruderte Margaret das Boot, während J. L. B. Anweisungen gab. Wenn sie eine seiner Meinung nach geeignete Stelle erreicht hatten, warf er Dynamit ins Wasser, und Margaret tauchte hinterher, um die toten Fische einzusammeln. J. L. B. wurde nicht gern naß. »Ich glaube, weder er noch Mrs. Smith genießen diese Expeditionen auf die übliche und gewohnte Weise, beispielsweise wie jemand, der wandern geht«, schrieb Barnett. »Die Freude in ihrem ausgefüllten Leben beruht auf der inneren Zufriedenheit mit ihren Leistungen und den Schwierigkeiten, die sie auf der Suche nach wissenschaftlichen Erkenntnissen bereitwillig auf sich nehmen.«

Barnett wurde bald klar, daß von ihm ebenfalls Höchstleistungen erwartet wurden. Eines Tages saß er nach dem Mittagessen in einem Korbstuhl, als sich der Professor auf ihn stürzte: »Haben Sie nichts zu tun? Entspannung?« fragte er ungläubig. »Aber Sie entspannen sich doch, wenn Sie schlafen, und Sie werden für immer Entspannung haben, wenn Sie tot sind. In der Zwischenzeit haben wir unsere Arbeit zu tun.« Alles mußte mit größtmöglicher Geschwindigkeit erledigt werden: »Der Professor und Mrs. Smith liefen immer im Eilschritt, für sie diente Laufen nicht nur der Fortbewegung, sondern man mußte gleichzeitig auch den Nutzen einer körperlichen Ertüchtigung daraus ziehen, um keine Zeit zu verschwenden.«

Peter Barnett verbrachte einige aufreibende Monate damit, die Expedition zu dokumentieren, und war am Schluß angesichts der Hingabe und der Professionalität der Smiths zwischen Ehrfurcht und Fassungslosigkeit hin und her gerissen. Einmal tadelte ihn J. L. B., weil er nicht hart genug arbeite, und sagte, wenn er sich nicht am Riemen reiße, solle er die Expedition verlassen. Barnett hielt durch, aber als er schließlich abreiste, »hat der Professor zum Abschied nicht gewunken«.

Im Jahr 1952, vierzehn Jahre nachdem J. L. B. geschworen hatte, einen zweiten Quastenflosser aufzuspüren, machten sich die Smiths erneut zu einer Expedition an der Ostküste auf. Sie waren beide enttäuscht, daß es ihnen nicht gelang, einen Quastenflosser zu finden. Sie hatten selbst die kleinsten Fischerdörfer durchkämmt, aber obwohl sie überall ihre Plakate hängen sahen, hatten sie niemanden getroffen, der den Quastenflosser gesehen hatte, abgesehen von dem einen Mal in Bazaruto. Doch Smith war davon überzeugt, daß es ihn irgendwo gab und er darauf wartete, entdeckt zu werden. Er müßte nur wissen, an welcher Stelle er suchen mußte.

Malania anjouanae

Das Glück liegt auf den Komoren

»Ich frage mich, wo dieser verdammte Fisch steckt. Komm, wir fahren endlich auf die Komoren.« Die Smiths standen am Kap Delgado in Mosambik und sahen über den Indischen Ozean zu der Stelle hinüber, an der sich die starke Strömung teilt und der eine Teil entlang der Küste nach Süden bis Lourenço Marques (das heutige Maputo), Durban und schließlich East London fließt. J. L. B. Smith hatte schon oft davon gesprochen, wie gern er bei den Komoren, einem entlegenen Archipel vulkanischen Ursprungs am nördlichen Ende der Straße von Mosambik, auf halber Strecke zwischen Mosambik und Madagaskar, nach dem Quastenflosser suchen würde. Die vier winzigen Inseln hatten jahrhundertelang den Arabern als Handelsposten gedient und waren nacheinander von einer Reihe sich bekriegender Sultane beherrscht worden. 1912 wurden sie französische Kolonie, bevor sie 1946 den Status eines französischen Überseeterritoriums erhielten. Die Inselgruppe blieb aber weiterhin ein weitgehend vergessener Außenposten, an dem das 20. Jahrhundert unbemerkt vorüberging. Smiths Wunsch war es schon seit einigen Jahren gewesen, die berühmten Korallenriffe zu erforschen, aber die Inseln lagen zu weit vom Festland entfernt, um sie leicht mit einem Boot erreichen zu können, und wie schon bei früherer Gelegenheit gelang es Margaret auch dieses Mal, ihn von der Idee abzubringen.

Während ihrer Expedition im Jahr 1952 verbrachten die Smiths einige Wochen auf Sansibar, um Fische zu sammeln.

Gegen Ende ihres Aufenthalts wurden sie offiziell eingeladen, die interessanteren Fische, die sie gefunden hatten, in einer Ausstellung zu zeigen. Die Ausstellung war überfüllt mit einheimischen Besuchern, Diplomaten und Seeleuten, die alle die Funde des berühmten Professors sehen wollten. Spätnachmittags traf ein Freund der Smiths ein. Er wurde begleitet von Eric Hunt, einem begeisterten Amateur-Ichthyologen und Kapitän eines Handelsschiffes. Der gutaussehende, charmante Hunt, der oft als Doppelgänger von Errol Flynn bezeichnet wurde, wurde Margaret vorgestellt, und bereits nach kurzer Zeit waren beide in ein angeregtes Gespräch über Fische vertieft. Als er schon im Aufbruch begriffen war, nahm Hunt eines der Flugblätter über den Quastenflosser in die Hand. »Haben Sie schon einmal darüber nachgedacht, daß Sie diesen Fisch bei den Komoren finden könnten?« fragte er Margaret. »Die Komoren?« antwortete sie. »Wie kommen Sie auf die Komoren?« Er erklärte ihr, daß er oft die Küstenstrecke nach Süden befahre, da er Handel mit einheimischen Erzeugnissen, getrocknetem Fisch und Haien zwischen Sansibar und den einige hundert Kilometer entfernt im Indischen Ozean liegenden Komoren betreibe. »Ich glaube, die Wahrscheinlichkeit ist recht groß, ihn in den Komoren zu finden«, sagte Margaret. »Mein Mann ist überzeugt davon, daß die Komoren so ungefähr die einzige Stelle sind, an der er vorkommen könnte.« Hunt deutete auf den Stapel Flugblätter: »Darf ich ein paar davon mitnehmen?« fragte er. »Der Gouverneur der Komoren wäre sicher hocherfreut, wenn sich einer seiner Untertanen eine derart hohe Belohnung verdienen würde.« Zwei Monate später und nach zahlreichen Fangfahrten legte das Schiff der Smiths auf der Rückfahrt nach Südafrika erneut in Sansibar an. Margaret ging an Land, um den von geschäftigem Treiben erfüllten Markt zu besuchen, und als sie zur Anlegestelle zurückkehrte, rief ihr Hunt von Bord seines schlanken Schoners, der *N'duwaro* (Marlin oder Schwertfisch in Suaheli),

Eric Hunt auf den Komoren 1952,
links oben im Bild der Quastenflosser-Steckbrief

einen Gruß zu. Er berichtete, er sei erst vor kurzem von den Komoren zurückgekehrt, wo er dem französischen Gouverneur die Flugblätter gezeigt habe. Dieser schien sehr interessiert zu sein und habe sofort die Anweisung erteilt, sie von einheimischen Boten überall auf den Inseln verteilen zu lassen. Hunt war voller Enthusiasmus. Eine solche Suche sprach seine abenteuerlustige und romantische Seite an, und er wollte unbedingt daran teilhaben.

Eric Ernest Hunt war im wahrsten Sinne des Wortes ein Abenteurer. 1915 in East Sheen, einem grünen Vorort im Südwesten von London, als Sohn einer angesehenen Familie geboren, war er 1935 nach Ostafrika ausgewandert. Er arbeitete eine Zeitlang als Mechaniker, betrieb einen Fährdienst auf dem Viktoriasee und meldete sich bei Ausbruch des Zweiten Weltkrieges bei den Royal Electrical and Mechanical Engineers. Bis Kriegsende leistete er Dienst in Abessinien und Ostafrika und fand mehrmals ehrenvolle Erwähnung für besondere Tapferkeit.

Im Jahr 1946 stieg er in den Seehandel ein. Er ließ sich in Sansibar nieder und belieferte auf nach und nach immer größeren Schiffen die westlichen Küstenregionen des Indischen Ozeans und die vorgelagerten Inseln mit Tee, Kaffee, Gewürzen, Kleidung und Nelken. Er war überall beliebt, ein gutaussehender, etwas schüchterner, ernsthafter Mann von unaufdringlichem Charme. Er achtete darauf, daß sich seine Schiffe in einem tadellosen Zustand befanden, und behandelte seine Mannschaft respektvoll und großzügig. Ähnlich wie bei Smith hatte sich aus seiner Liebe zum Angeln ein leidenschaftliches Interesse für Fische entwickelt. Im Lauf der Jahre begeisterte er sich immer mehr für das Sammeln von Fischen für sein Aquarium und das Studium ihres Verhaltens. Die zufällige Begegnung mit den Smiths im Jahr 1952 und seine Beteiligung an der Suche nach dem Quastenflosser boten ihm genau die Art von Aufregung, nach der er sich sehnte.

Er bestürmte Mrs. Smith mit Fragen über den Quastenflosser: woran er ihn erkennen würde und was er tun sollte, wenn er einen fände und kein Formalin zur Verfügung hätte. Auf die letzte Frage antwortete sie, daß er ihn dann auf die gleiche Weise wie Haie mit Salz konservieren sollte. Als er ihr zum Abschied winkte, rief er ihr zu: »O.K. Vielen Dank. Wenn ich einen Coelacanthus fange, schicke ich Ihnen auf jeden Fall ein Telegramm.« Beide lachten.

Die *Dunnottar Castle*, das große Linienschiff der Union Castle, auf dem die Smiths die Heimreise angetreten hatten, legte am Weihnachtsabend in Durban an. Es war drückend heiß, doch trotz der allgemeinen feiertagsbedingten Trägheit hatte sich eine aufgeregte Menge versammelt, um den berühmtesten Wissenschaftler Südafrikas willkommen zu heißen. Freunde und Journalisten strömten an Bord des Schiffes, um Neuigkeiten von der Expedition zu erfahren. J. L. B. wurde ein Stoß Telegramme ausgehändigt, von denen eines offensichtlich von Grahamstown aus weitergeleitet worden und mit einem roten Aufkleber als dringend gekennzeichnet war. Er sprach gerade mit einem Reporter und riß während einer Gesprächspause die dringende Nachricht auf. Seine Reaktion glich in bemerkenswerter Weise derjenigen, die er an dem Tag gezeigt hatte, als er den ersten Brief von Marjorie Latimer-Courtenay erhielt. Er sprang plötzlich hoch und brachte zunächst kein Wort heraus. »Zwei Worte stachen heraus: ›Coelacanthus‹ und ›Hunt‹«, schrieb er in *Vergangenheit steigt aus dem Meer.* Margaret Smith blickte beunruhigt auf und nahm ihm das Telegramm aus der Hand.

»WIEDERHOLEN SOEBEN ERHALTENES TELEGRAMM HABE FÜNF FUSS EXEMPLAR COELACANTHUS FORMALIN EINGESPRITZT HIER 20. GETÖTET ERBITTE ANTWORT HUNT DSAUDSI«*

Smiths Gedanken überstürzten sich. Er hatte keine Ahnung, wo Dsaudsi lag, aber er wußte, daß er dorthin mußte, und zwar schnell, wenn er verhindern wollte, daß sich eine Katastrophe wie der Verlust der Eingeweide von Latimeria wiederholte.

* Hunt hatte bereits ein Telegramm an Smith nach Grahamstown geschickt, dieses war von seiner Sekretärin entgegengenommen worden, die die Nachricht am gleichen Tag an den Professor auf der *Dunnottar* weiterleitete.

Man schrieb den 24. Dezember 1952, und der Fisch war bereits vor vier Tagen getötet worden. Die Zeit wurde knapp.

Smith bat einen jungen Offizier herauszufinden, wo Dsaudsi lag. Der Offizier eilte davon und kehrte nach einer Minute mit der Mitteilung zurück, daß Dsaudsi auf einer kleinen Insel nahe bei Mayotte in den Komoren lag. Also doch die Komoren! Nun mußte Smith eine Möglichkeit finden, wie er dorthin gelangen konnte: Es gab keine Linienflüge zu den Inseln, und mit dem Schiff hätte es viel zu lange gedauert. Ihm blieb nichts anderes übrig, als ein Flugzeug zu chartern.

Er stürzte zur Brücke der *Dunnottar Castle*, bemächtigte sich des einzigen Telefons und machte sich an die Arbeit. Zuerst verfaßte er ein Antworttelegramm an Hunt:

»WENN MÖGLICH ZUR NÄCHSTEN KÜHLANLAGE SCHAFFEN AUF JEDEN FALL SOVIEL FORMALIN WIE MÖGLICH EINSPRITZEN TELEGRAPHIERT BESTÄTIGUNG DASS EXEMPLAR SICHER SMITH«

Anschließend versuchte er, Dr. du Toit, den Präsidenten des CSIR, zu sprechen, mußte jedoch erfahren, daß du Toit sich bereits in den Weihnachtsferien befand und niemand wußte, wo er zu erreichen war. Im Geiste ging Smith der Reihe nach die Kabinettsmitglieder der südafrikanischen Regierung durch, von denen er einige persönlich kannte, und beschloß, sein Glück bei Eric Louw, dem Wirtschaftsminister, zu versuchen. »Den Furchen in seinem Gesicht nach zu schließen, litt er vermutlich genau wie ich an einem Zwölffingerdarmgeschwür, und ich hatte den Verdacht, daß ihm Weihnachten ebenso zuwider war wie mir«, schrieb Smith. Louw hielt sich jedoch in den Vereinigten Staaten auf. Smith versuchte es bei Innenminister Donges, den er aus seiner Studienzeit in Stellenbosch kannte. Der Vermittlung gelang es schließlich, eine Verbindung zu Donges herzustellen, als er in Kapstadt aus dem Zug stieg, aber er sagte, so gerne er auch helfen würde, sei es ihm leider kaum möglich, von Kapstadt aus am Weihnachtsabend viel zu unternehmen. Er schlug Smith vor, sich direkt mit dem Premierminister Daniel F. Malan in Verbindung zu setzen.

Smith war von diesem Vorschlag nicht gerade begeistert. Einige Jahre zuvor hatte er den Versuch unternommen, mit dem damaligen Premierminister Jan Christiaan Smuts zu sprechen, um mit dessen Unterstützung zur Walfischbai an der Südwestküste Afrikas zu gelangen. Dort hatte die sprunghafte Vermehrung von Plankton dazu geführt, daß Millionen von Fischen verendet und am Strand angespült worden waren, und J. L. B. wollte diese Gelegenheit unbedingt nutzen, um Fische zu sammeln. Er sprach persönlich in Smuts' Amtssitz in Kapstadt vor und bat um eine dringende Unterredung, doch Smuts hatte es abgelehnt, ihn auch nur zu empfangen. Seit dieser Zeit hegte Smith ein gesundes Mißtrauen gegen Premierminister.

Statt Malan anzurufen, versuchte Smith deshalb, mit dem Verkehrsminister und dem Verteidigungsminister Verbindung aufzunehmen sowie mit dem Oberbefehlshaber der Streitkräfte. Mit jedem Versuch wuchs seine Enttäuschung: Entweder erreichte er niemanden, oder man konnte ihm nicht helfen. Der Tag verging, und am ersten Weihnachtsfeiertag war es praktisch unmöglich, überhaupt jemanden ans Telefon zu bekommen. (»Warum um alles in der Welt mußten Quastenflosser gerade immer zu Weihnachten auftauchen?« schrieb er.) Wie schon vierzehn Jahre zuvor fand Smith keinen Schlaf, er wurde von zwei Sorgen geplagt – daß der Quastenflosser anfangen könnte zu verwesen, während die Tage verstrichen, oder, schlimmer noch, daß sich am Ende herausstellen könnte, daß es sich überhaupt nicht um einen Quastenflosser handelte. Ihm war klar, daß er auf das Wort eines Laien hin, der noch niemals zuvor einen Quastenflosser gesehen hatte, seinen Ruf und seine Karriere aufs Spiel setzte.

Am zweiten Weihnachtsfeiertag traf erneut ein Telegramm von Hunt ein:

»CHARTERN SOFORT FLUGZEUG BEHÖRDEN VERSUCHEN EXEMPLAR ZU BEANSPRUCHEN ABER BEREIT ES IHNEN PERSÖNLICH ZU ÜBERLASSEN STOP ZAHLTE FISCHER BELOHNUNG UM POSITION ZU STÄRKEN STOP FÜNF KILO FORMALIN INSPIZIERT.* KEINE KÜHLANLAGE STOP EXEMPLAR VERSCHIEDEN VON IHREM KEINE VORDERE RÜCKENFLOSSE ODER DOPPELTEN SCHWANZ ABER SICHERE IDENTIFIZIERUNG HUNT«

J. L. B. schwirrte der Kopf: »Mir ist klar, daß ich mich damals in einem Geisteszustand befand, den man ›Besessenheit‹ nennt«, schrieb er später. Er hatte Angst um den Fisch – und obwohl er von seinem Besitzanspruch überzeugt war, wußte er, er könnte wenig dagegen tun, wenn die Franzosen entschieden, daß er rechtmäßig ihnen gehörte. Er brauchte ein Flugzeug – und zwar sofort. Smith mußte den Fisch unbedingt mit eigenen Augen sehen.

In seiner Verzweiflung erkannte er, daß ihm nur noch eine Möglichkeit blieb, alle anderen hatte er ausgeschöpft – er würde seine grundsätzliche Abneigung gegen Premierminister überwinden und Dr. Daniel François Malan, den fundamentalistischen, antibritisch eingestellten und tiefreligiösen Premierminister, um Hilfe bitten müssen. Nach Smiths Erfahrung mit Smuts, der sich selbst als Freund der Wissenschaft bezeichnete,

* Vermutlich müßte es injiziert heißen.

aber den bedeutendsten Wissenschaftler seines Landes nicht einmal empfing, geschweige denn, ihm bei einem Inlandsflug behilflich war, setzte er keine großen Hoffnungen auf Malan, der ihm weitaus mehr Unterstützung gewähren müßte – die Bereitstellung eines Flugzeugs für eine Reise ins Ausland, die möglicherweise politische Verwicklungen nach sich ziehen würde. Er erkannte jedoch, daß er keine andere Wahl hatte und es versuchen mußte. Smith bat den örtlichen Parlamentsabgeordneten Vernon Shearer um Hilfe, und gemeinsam riefen sie im Ferienhaus des Premierministers in der Nähe von Kapstadt an.

Shearer sprach mit Mrs. Malan, die ihm erklärte, ihr Mann sei bereits zu Bett gegangen, und sie wolle ihn nicht mehr stören. »10.30 Uhr abends am 26. Dezember im Jahr des Herrn 1952. Es war wahrscheinlich die tiefste Ebbe meines Lebens«, schrieb Smith. »Die Zeit verrann unaufhaltsam, das Schicksal hatte mich am Wickel und raubte mir den letzten Rest an Geist, der mir noch geblieben war. Was in aller Welt sollte ich tun, da es nun keine Hoffnung mehr zu geben schien?«

Plötzlich klingelte das Telefon. Shearer hob ab, sprach ein paar Worte und rief nach J. L. B.: »Schnell, Professor, Dr. Malan möchte Sie sprechen!« J. L. B. nahm den Hörer entgegen: »Hier Frau Malan, Herr Professor, der Doktor möchte Sie sprechen.« Dann hörte er die bekannte Stimme in der Leitung: »Guten Abend, Professor, ich habe etwas von Ihrer Geschichte gehört, aber wollen Sie mir bitte eine möglichst vollständige Schilderung geben.« J. L. B. folgte der Aufforderung, wobei er darauf bestand, afrikaans zu sprechen – Malan hatte ihn auf englisch angesprochen –, auch wenn ihm manche der Fachbegriffe Schwierigkeiten bereiteten. »Ich gab ihm einen kurzen Bericht von der Geschichte der Coelacanthiden, von der phantastischen Entdeckung des East-Londoner Fisches, der Tragödie der Weichteile, meiner langen Suche, der neuen Entdeckung, der

Hitze, der Abgelegenheit, meiner Befürchtungen und meiner Nöte.« Smith erklärte, es sei möglich, daß es sich nicht um einen Quastenflosser handelte, aber es stehe für ihn außer Frage, daß sie das Risiko eingehen sollten. Er sagte, dies sei seiner Meinung nach eine Frage des nationalen Ansehens – Südafrika habe ein Recht auf den Fisch und trage die Verantwortung für ihn.

Er redete zwölf Minuten lang. Malan hörte ihm aufmerksam zu und sprach ihm, nachdem er geendet hatte, seine Bewunderung für sein Afrikaans aus. J. L. B. wartete. »Ihre Geschichte ist bemerkenswert«, fuhr Malan fort, »und ich sehe ohne weiteres, daß es sich um eine sehr wichtige Sache handelt. Es ist zu spät, um heute noch etwas zu unternehmen, aber morgen früh werde ich als erstes meinen Verteidigungsminister anrufen und ihn bitten, ein geeignetes Flugzeug bereitzustellen, das Sie an Ihren Bestimmungsort bringt.«

»Als ich den Hörer auflegte«, erinnerte sich Smith, »fühlte ich mich betäubt, wie jemand, der im letzten Augenblick vom Schafott gerettet wird – wie plötzlich von der tiefsten Hölle in den Himmel gehoben.« Er war erstaunt über die positive Reaktion Malans, vor allem einem Wissenschaftler gegenüber, der einen britischen Namen trug und einer derart britischen Institution wie der Rhodes University angehörte.

Später fand Smith heraus, was in dieser Nacht geschehen war. Als das Telefon läutete, hatte Mrs. Malan es für besser gehalten, ihren Mann nicht zu wecken. Er hatte das Klingeln jedoch vom Bett aus gehört und nach seiner Frau gerufen, um zu erfahren, wer der Anrufer gewesen sei. Sie hatte ihm kurz erklärt, um was es ging, und Malan hatte genickt und gesagt: »Dieser Smith ist ein bekannter Mann. Bring mir einmal dieses Fischbuch.« Smith hatte dem Premierminister einige Monate zuvor ein Exemplar von *Sea Fishes* geschickt, und ein glücklicher Zufall hatte es gefügt, daß Mrs. Malan es in den Ferien mit in ihr

Strandhaus genommen hatte. Malan hatte in dem Buch herumgeblättert und das Kapitel über den Coelacanthus gelesen. Dann hatte er es zugeklappt, auf den Buchdeckel geklopft und gesagt: »Der Mann, der dies Buch schrieb, würde nicht zu einer solchen Zeit um meine Hilfe bitten, wenn es nicht äußerst wichtig wäre. Ich muß ihn sprechen.«

Smith arbeitete die ganze Nacht hindurch und machte eine Aufstellung der Dinge, die er für die Reise brauchen würde: Nahrungsmittel, Kleidung, einen tragbaren Ölkocher und seine Sammelkiste – eine Kiste aus Teakholz, die Werkzeuge, Ersatzteile, eine medizinische Ausrüstung und Angelgerät enthielt. Außerdem trieb er neun Liter Formalin auf, die das Reisegepäck vervollständigten. Bei Tagesanbruch war er fertig. Er ging zum Hafen, um sich von Margaret Smith zu verabschieden, die auf der *Dunnottar Castle* nach Hause fuhr, und kehrte anschließend in das Haus Shearers zurück, wo er auf eine Nachricht des Premierministers wartete. Um fünfzehn Uhr dreißig erhielt er die Mitteilung, daß der Flug freigegeben worden war und ihn eine Dakota am nächsten Morgen in Durban abholen würde. Er schickte ein Telegramm an Hunt:

»DURCHHALTEN STOP REGIERUNG SCHICKT FLUGZEUG«

In dieser Nacht gelang es Smith, drei Stunden zu schlafen, aber lange bevor es hell wurde, war er schon wieder auf den Beinen. Er fuhr zum Flugplatz, wo ihn die offensichtlich skeptische Besatzung der Dakota erwartete. Smith begrüßte den etwas verwirrt wirkenden Kommandanten Blaauw mit den Worten: »Ich wette, als Sie zur südafrikanischen Air Force gingen, haben Sie nie erwartet, ein Flugzeug zu führen, das einen toten Fisch holen soll.« Er bestieg die Militärmaschine mit all seinen Kisten und zahlreichen Wasserkanistern, auf deren Mitnahme er bestanden hatte. Dann hob die Dakota ab, und die erste Etappe der Reise begann. Im Heck des unverkleideten Flugzeugs war es sehr laut, und Smith fühlte sich unwohl. Die Aussicht, den Quastenflosser zu Gesicht zu bekommen, versetzte ihn in Aufregung, machte ihn gleichzeitig aber auch nervös: Der Kommandant hatte ihm mitgeteilt, daß der Flug zwar bis zu den Komoren freigegeben worden war, daß man auf den Inseln jedoch niemanden erreicht hatte, um die Ankunft der Maschine anzukündigen. Man hatte nicht einmal herausfinden können, ob es auf den Komoren eine geeignete Landebahn gab. Ihnen blieb nichts anderes übrig, als einfach hinzufliegen und das Beste zu hoffen.

Sie machten in Lourenço Marques eine Zwischenlandung, um aufzutanken, dann ging es weiter nach Norden in Richtung der Insel Mosambik. Später erfuhr Smith, daß es nicht gerade ein Kinderspiel gewesen war, eine Landeerlaubnis in Lourenço Marques zu bekommen. Um zwei Uhr morgens hatte ein Regierungsangestellter in Lourenço Marques über eine rauschende Leitung einen Anruf des Luftwaffenstützpunktes in Durban erhalten. Der Anrufer bat um Erteilung der Genehmigung zum Überfliegen des mosambikanischen Territoriums und zum Auftanken auf dem Stützpunkt für ein Militärflugzeug aus Südafrika. »Roger«, sagte der Mann in Lourenço Marques. »Und was ist der Auftrag dieses Fluges?«

Durban: »Sie sollen einen Fisch holen.«

Lourenço Marques: »Habe ich Sie richtig verstanden, einen F-I-S-C-H?«

Durban: »Ja, einen Fisch.«

Lourenço Marques: »Sie meinen so ein Ding mit Schuppen?«

Durban: »Roger.«

Lourenço Marques: »Nehmen Sie wirklich an, daß unsere Regierung Ihnen das glaubt? Sie wollen unsere Leute wohl für dumm verkaufen – können Sie sich keine bessere Geschichte ausdenken, warum Sie unser Gebiet mit einem Militärflugzeug überfliegen wollen?«

Das merkwürdige Gespräch ging noch eine Zeitlang so weiter. Der Beamte in Lourenço Marques erklärte sich schließlich bereit, den portugiesischen Generalgouverneur – einen Freund von Smith – um die Genehmigung zu ersuchen, und war überrascht, als man ihm sofort grünes Licht gab.

Die Besatzung verbrachte die Nacht in der feuchten Hitze der Insel vor der Küste im Norden Mosambiks, einem vertrauten Jagdgrund der Smiths. Nochmals durchlitt Smith eine schlaflose Nacht, und als das Flugzeug am nächsten Morgen vor Tagesanbruch wieder startete, war er äußerst angespannt und nervös. Er hatte praktisch alles, was in seinem Leben zählte, für diese Expedition aufs Spiel gesetzt und würde sich der Lächerlichkeit preisgeben und seinen Ruf als Wissenschaftler verlieren, wenn sich das Ganze als falscher Alarm erweisen sollte. Das Flugzeug überflog in geringer Höhe die Straße von Mosambik, und bald darauf kam die erste der vier Komoren-Inseln in Sicht. Die üppige Vegetation ließ sie von oben wie Smaragde aussehen, eingebettet in einen Ring aquamarinblauer Korallenriffe und dann, nur wenige hundert Meter weiter draußen, vom tiefen Blau des Ozeans umgeben. Als sie Grande Comore überflogen, die größte der gebirgigen Inseln, konnten Smith und die Besatzung einen Blick auf den Karthala, den größten aktiven Vulkan der Welt, werfen. Es gab wenig Anzeichen für Zivilisation – nur ein paar kleine Dörfer drängten sich an die Berghänge oder lagen im Schutz der riesigen Palmen an der Küste, auf dem glitzernden Meer waren winzige Boote mit zwei Auslegern, die an ausgebreitete Arme erinnerten, auszumachen. Mayotte war die entlegenste der Inseln. Sie hatte die Form eines Seepferdchens, und ihrer Küste war die kleine Insel Dsaudsi vorgelagert. Doch selbst zu diesem Zeitpunkt war es ihnen noch immer nicht möglich, eine Funkverbindung herzustellen.

Das Flugzeug zog in niedriger Höhe eine Schleife über der Insel, als Leutnant Bergh den Daumen hochreckte: Er hatte die Landebahn entdeckt. Smith blickte aus dem Fenster und sah weit unten einen winzigen Dampfer, der im Hafenbecken schaukelte. Die Aufregung stieg in ihm hoch, als ihm klar wurde, daß es sich um Hunts Schiff, die *N'duwaro*, mit dem Quastenflosser an Bord handeln mußte.

Unmittelbar nachdem das Flugzeug unsanft auf der holprigen Piste aufgesetzt hatte, begann es, wie aus Kübeln zu schütten. »Der Regen hörte so plötzlich auf, als sei ein Wasserhahn zugedreht worden, der Nebel zerteilte sich, und über den flachen Korallenfelsen kamen Gestalten gelaufen«, schrieb Smith. »Die Tür ging auf, und durch einen Schwall heißer Luft sah ich Hunts Gesicht, das zu mir heraufblickte. Für einen Augenblick konnte ich nicht sprechen, dann, in einem Ansturm gestauter Erregung, kamen die Worte ›Wo ist der Fisch?‹ wie eine Explosion von meinen Lippen.« Hunt versicherte Smith, daß der Fisch in Sicherheit sei, und brachte ihn zum Haus des Gouverneurs. Smiths einziger Wunsch bestand darin, sich zu vergewissern, ob es sich wirklich um einen Quastenflosser handelte, doch Hunt war nicht davon abzubringen, daß er zuerst den Franzosen begrüßte. Gouverneur Pierre Coudert, der in seinem weißen Tropenanzug eine gute Figur machte, wartete seinerseits voller Ungeduld darauf, den Mann kennenzulernen, der es fertiggebracht hatte, einen Premierminister zu überreden, ein Flugzeug zur Abholung eines Fisches zu schicken.

»Ich hatte oft darunter gelitten, der Bürokratie Tribut zollen zu müssen«, schrieb Smith. »aber dies war wahrscheinlich die härteste Geduldsprobe. Ich tobte innerlich. Zum Teufel mit diesen Formalitäten! Ich hatte, was hinter mir lag, nicht alles durchgestanden, war nicht so weit gereist, um in diesem kritischen Augenblick mit einem Gouverneur höfliche Worte zu wechseln. Ich wollte nur eines, und das war, den Fisch sehen, wissen, ob ich ein Narr war oder ein Prophet.«

Die Südafrikaner wurden dem Gouverneur vorgestellt und an ein reichhaltiges Büfett gebeten, das zu ihrem Empfang auf einem langen Tisch aufgebaut worden war. Doch J. L. B. ertrug es nicht länger. Er dankte dem Gouverneur mit zusammengebissenen Zähnen und fragte mit allem gebotenen Respekt, ob sie nicht wiederkommen könnten, nachdem sie sich den Fisch angesehen hätten. Er rannte fast zum Auto und war nach kürzester Zeit an der Anlegestelle und auf Hunts Schoner.

Hunt deutete auf eine große, sargähnliche Kiste, die am Fuß des Mastes stand, und gab Anweisung, sie für Smith zu öffnen. Der Fisch war von einer dicken Schicht Kapok umhüllt. »Alle meine Ängste und Qualen stiegen noch einmal übermächtig in mir auf, ich konnte weder sprechen noch mich bewegen«, erinnerte sich Smith. »Sie standen alle da und starrten mich an, aber ich brachte es nicht über mich, die Watte zu berühren; ich stand wie erstarrt, dann bedeutete ich ihnen mit einer Handbewegung, ihn aufzudecken. Großer Gott, ja! Ein Coelacanthus! Ich sah zuerst die unverkennbaren Höcker auf den großen Schuppen, dann die Knochen des Kopfes, die charakteristischen Flossen. Es war wirklich wahr! Malan würde sein Handeln nicht zu bereuen haben, dem Himmel Dank dafür! Es war ein Coelacanthus. Ich kniete auf dem Deck nieder, um ihn näher zu betrachten, und als ich den Fisch streichelte, fielen mir Tränen auf die Hände, und ich wurde gewahr, daß ich weinte, und schämte mich gar nicht. Vierzehn der besten Jahre meines Lebens waren mit dieser Suche dahingegangen, und nun war es Wirklichkeit geworden, wahrhaftig Wirklichkeit. Das Ziel war erreicht.«

Smith hätte Stunden damit verbringen können, den Fisch zu streicheln, und die Flugzeugbesatzung wäre nur zu glücklich gewesen, ein wenig länger auf den wunderschönen und unberührten Inseln zu bleiben. Aber Smith machte der Gedanke nervös, daß man ihn noch daran hindern könnte, seinen Quastenflosser mitzunehmen. Diese Sorge veranlaßte ihn zu raschem Handeln: Er hob den Fisch vorsichtig aus seiner Kiste und brachte ihn für die Photographen in Positur. Er unterzog ihn einer schnellen Untersuchung, stellte fest, wie groß er war (138,5 Zentimeter) und daß er keine zweite Rückenflosse sowie einen abgeflachten Schwanz hatte. Es handelte sich zweifelsohne um einen Coelacanthus, doch Smith vermutete, daß er einer anderen Spezies angehörte. Während er sich mit dem Fisch beschäftigte, berichtete ihm Hunt von den Ereignissen, die in der dramatischen Rettungsaktion ihren Höhepunkt gefunden hatten. Gegen Ende November 1952 hatte man Smiths Flugblätter überall auf den Inseln verteilt. Sie stießen auf großes Interesse, und die Komorer waren erstaunt über die Summe, die für einen einzigen Fisch geboten wurde. In der Nacht des 20. Dezember fuhr ein Fischer namens Ahamadi Abdallah* mit seinem Gehilfen Souha in seinem kleinen *galawa* in der Nähe der Stadt Domoni an der südöstlichen Küste von Anjouan zum Fischen aufs Meer hinaus. Er warf seine lange Handleine aus und zog nach einigen Stunden aus einer Tiefe von 160 Metern einen großen Fisch aus dem Wasser, den er mit einem Schlag auf den Kopf tötete. Zufrieden mit seinem Fang kehrte er in sein Dorf zurück und ließ den Fisch vor seiner Hütte liegen, ohne ihn zu schuppen oder auszunehmen. Am nächsten Morgen

* In *Vergangenheit steigt aus dem Meer* schrieb Smith, daß der Name des Fischers Ahmed Hussein gewesen ist, aber als der Forscher Quentin Keynes im Jahr 1954 die Komoren besuchte, sprach er ausführlich mit dem betreffenden Fischer, der ihm versicherte, sein Name sei Ahamadi Abdallah, und dieser Name wurde auch in dem offiziellen französischen Bericht genannt. Als Keynes Smith darauf ansprach, erwiderte dieser: »Französische Verwaltungsbeamte kann man nicht unbedingt als zuverlässige Informationsquellen betrachten.«

brachte er ihn zum Strand, um ihn zu säubern. Als er gerade damit anfangen wollte, sprach ihn der ortsansässige Lehrer Affane Mohamed an, der in der Nähe bei einem Friseur zum Haareschneiden war. Mohamed (der später Kultusminister der Komoren wurde) fiel die große Ähnlichkeit zwischen dem Fisch und dem Bild auf den Flugblättern auf. Die Anweisungen darauf waren unmißverständlich: »Schneiden Sie ihn auf keinen Fall auf, und säubern Sie ihn nicht, sondern bringen Sie ihn, so wie er ist, sofort in einen Kühlraum oder zu einer verantwortlichen Person.« Mohamed drängte Abdallah, seine Arbeit zu unterbrechen und ging mit ihm an die Stelle, an der das Flugblatt hing. Der Fischer wollte zuerst nicht glauben daß jemand bereit sein sollte, ein Vermögen für einen Fisch zu zahlen, der seiner Meinung nach nahezu wertlos war, ließ sich aber schließlich überreden, der Sache auf den Grund zu gehen.

Über den Buschtelegraphen – oder Radio Cocotier, wie es auf den Komoren genannt wird – hatte sich die Nachricht verbreitet, daß Kapitän Hunt bei Mutsamudu, auf der anderen Seite der Insel, gerade vor Anker lag. Es war auch bekannt, daß es Hunt war, der Gouverneur Coudert die Flugblätter gebracht hatte, um sie auf den Inseln verteilen zu lassen. Es wird erzählt, daß Abdallah seine kostbare, siebenunddreißig Kilogramm schwere Last in der drückenden Hitze zu Fuß vierzig Kilometer weit durch gebirgiges Gelände geschleppt hat, aber Keynes fand heraus, daß er von einem Lastwagen des Amtes für öffentliche Arbeit mitgenommen wurde, der auf der Rückfahrt von Domoni nach Mutsamudu war.

Auf welche Art er auch immer die Strecke zurücklegte, als er bei Hunt ankam, hatte bei dem Fisch bereits der Verwesungsprozeß eingesetzt. Hunt erkannte ihn sofort als Quastenflosser und traf unverzüglich Maßnahmen, um ihn für Smith zu retten. Nachdem er Erkundigungen eingezogen und sich vergewissert hatte, daß es auf der Insel kein Formalin gab, wies er seine Besatzung an, den Quastenflosser aufzuschneiden und einzusalzen, wie Margaret Smith vorgeschlagen hatte. Er versprach Ahamadi Abdallah, den Fisch nach Dsaudsi zu bringen – Dsaudsi war der Gouverneurssitz und die einzige Stadt, von der aus sich eine telegraphische Verbindung ins Ausland herstellen ließ – und mit der Belohnung in Höhe von 50000 komorischen Franc (CFA) zurückzukehren, die eben jenen 100 englischen Pfund entsprachen, die Smith dem Fischer versprochen hatte.

Mit dem Fisch und der Fußballmannschaft von Anjouan an Bord brach Hunt nach Dsaudsi auf. Nach seiner Ankunft sprach er beim Gouverneur vor und erklärte ihm die Situation. Es gelang ihm auch, den niedergelassenen französischen Arzt ausfindig zu machen, der ihm Formalin zur Verfügung stellte, um es in den verfaulenden Fisch zu injizieren. Coudert schickte sofort ein Telegramm mit der Bitte um Instruktionen an die französische Forschungsstation in Madagaskar, aber der Text wurde – zum Glück für Smith – während der Übermittlung verstümmelt, und das Telegramm kam wegen der Feiertage verspätet an. Wenn die französischen Wissenschaftler eine vollständige Nachricht erhalten hätten, dann hätten sie vermutlich selbst Anspruch auf den Fisch erhoben. Als Coudert keine Antwort erhielt, erklärte er sich damit einverstanden, daß Smith den Fisch haben könnte, wenn er ihn persönlich abholen würde. Der Quastenflosser war für Südafrika gerettet.

Es war klar, daß sich Hunt sehr weit vorgewagt hatte, als er den Behörden erklärte, daß der Quastenflosser von Rechts wegen Südafrika gehörte. Als Gegenleistung schlug Smith vor, den Fisch *Malania hunti* zu nennen, nach dem südafrikanischen Premierminister Daniel F. Malan und Eric Hunt, aber Hunt äußerte Bedenken. Er sagte, es sei ihm lieber, wenn diese Ehre auf irgendeine Weise den Franzosen zuteil würde, da der Fisch schließlich in ihrem Hoheitsgebiet gefangen worden sei und sein Lebensunterhalt von den guten Beziehungen zu ihnen abhänge. Smith nannte ihn also statt dessen *Malania anjouanae*, um an Anjouan zu erinnern, die komorische Insel, in deren Küstengewässer der Fisch gefangen wurde.

Außerdem erklärte sich Smith bereit, 100 Pfund für den Fang eines weiteren Exemplars auszusetzen und diesen Fisch den Franzosen zu überlassen, wenn er in französischen Hoheitsgewässern gefangen werden sollte.

Gouverneur Pierre Coudert war hocherfreut über den Vorschlag, den Quastenflosser nach einer seiner Inseln zu benennen, und sagte, die Smiths seien jederzeit willkommen, um die Fischfauna in den Riffen rund um die Inseln zu erforschen. Nach den Worten von Smith war Coudert ganz begeistert und bot den Besuchern seine uneingeschränkte Gastfreundschaft an. »Madame machte sich Sorgen um meine Appetitlosigkeit«, schrieb Smith. »Direkt vor mir war ein Schuljungentraum, eine riesige Torte mit Schokoladenkrem, bei deren bloßem Anblick meine Leber in Aufruhr geriet.«

Früher als es die Höflichkeit erlaubt hätte, verabschiedeten sich Smith und die Besatzung der Dakota von den Couderts, und nachdem Smith Telegramme mit der Bestätigung, daß es sich tatsächlich um einen Quastenflosser handelte, an seine Frau Margaret, den Premier Malan und das CSIR geschickt hatte, fuhren sie zurück zum Rollfeld. Sie hatten sich nicht einmal drei Stunden auf der Insel aufgehalten, und Smith hatte weder den Fischer getroffen, der den Quastenflosser gefangen hatte, noch den Lehrer, der ihn identifiziert hatte. Bevor Smith an Bord des Flugzeugs ging, überreichte er Hunt 200 Pfund – 100 Pfund als Belohnung für den Fischer und die anderen 100 zur Deckung seiner Ausgaben – und einige Zeitungsausschnitte mit Berichten über das Ereignis. Am Montag, dem 29. Dezember 1952, um zehn Uhr morgens startete die Dakota zum Rückflug nach Südafrika. Sie hatten gerade die Wolkendecke durchstoßen, als Kapitän Letley Kommandant Blaauw eine Nachricht übergab, die dieser an Smith weiterreichte: »Konnte Meldung auffangen, daß ein Geschwader französischer Kampfflieger Diego Suarez verließ, bevor wir von Dsaudsi starteten, mit dem Befehl, uns aufzuhalten und zur Umkehr zu zwingen.« Smith wurde blaß. Er fragte die Piloten, ob es möglich sei, den Kampfflugzeugen auszuweichen. Sie sagten, das sei nicht sehr wahrscheinlich – die Dakota sei zu langsam und schwerfällig. »Nun«, erwiderte Smith, »ich weiß nicht, wie ihr Burschen darüber denkt, aber ich kehre nicht um. Ich glaube nicht, daß sie es wagen werden, uns abzuschießen, wenn wir uns weigern zu wenden, aber ich wäre bereit, es darauf ankommen zu lassen.« Kapitän Blaauw fing an zu lachen, und es dauerte ein paar Sekunden, bis Smith begriff, daß die Crew ihn auf den Arm genommen hatte.

Er ging ins Heck des Flugzeugs, und um sich von dem ohrenbetäubenden Lärm abzulenken, begann er, Notizen über die zurückliegenden Ereignisse zu machen. Irgendwann beschloß er, daß alle eine Tasse Kaffee brauchen könnten, und es war reines Glück, daß ihn ein Mitglied der Besatzung dabei überraschte, wie er im Flugzeugheck kauerte und versuchte, seinen Reisekocher in Gang zu setzen. Erst als der Kapitän und der Kommandant einschritten – der Kommandant erklärte ihm, daß der Fisch in Stücke gerissen würde, wenn er weitermachte –, ließ er sich von seinem Vorhaben abbringen. Er war jedoch davon überzeugt, daß er keinen Schaden angerichtet hätte. Kommandant Blaauw informierte Smith darüber, daß dieser Flug die Regierung 40 Pfund pro Stunde kostete. J. L. B. rechnete nach und kam zu dem Ergebnis, daß der Flug, wenn alles nach Plan verlief, mindestens 1000 Pfund gekostet haben würde, bis der Fisch in Südafrika ankam, was ihn, wenn man die Belohnung und Hunts Ausgaben hinzurechnete, sicher zu einem der teuersten Fische aller Zeiten machen würde.

Eric Hunt und J. L. B. Smith (2. u. 3. v. l.) mit der Crew der Dakota auf den Komoren am 29. Dezember 1952 unmittelbar vor dem Rückflug nach Südafrika

Das Flugzeug wurde bei einer Zwischenlandung in Lourenço Marques aufgetankt und startete um Viertel vor sieben erneut, um die letzte Etappe der Reise zurückzulegen. Die Männer waren seit drei Uhr morgens wach, aber euphorisch und zufrieden mit ihrer erfolgreichen Mission. Nach der anfänglichen Zurückhaltung hatten sie den verrückten Professor inzwischen zu schätzen und respektieren gelernt. Smith gab jedem von ihnen ein Blatt Papier und bat sie, in druckreifen Worten aufzuschreiben, was ihnen als erstes durch den Kopf gegangen war, als man sie für diesen ungewöhnlichen Auftrag aus dem Urlaub abberufen hatte. Der Kommandant gab mit typischer Untertreibung einen trockenen Kommentar ab, aber Kapitän Letley notierte: »Ich hörte zuerst davon, daß wir einen (toten) Fisch holen sollten, als der diensttuende Offizier es mir sagte. Meine Antwort kann, wie Sie verlangten, nicht niedergeschrieben werden.« Alle sagten, daß sie das Erlebnis nichtsdestoweniger genossen hatten.

Erschöpft landeten sie in Durban, wo sie von einem Blitzlichtgewitter empfangen wurden. Smith war der Held des Tages. Er brachte den Fisch durch den Zoll und bat den Offizier vom Dienst um die Erlaubnis, das Flugzeug am nächsten Tag für den Weiterflug nach Kapstadt zu benutzen, da er den Quastenflosser dem Premierminister zeigen wollte. Sie wurde ihm erteilt. Dann erklärte der Reporter von der South African Broadcasting Corporation, ganz Südafrika warte auf eine Radioansprache von Smith: Sämtliche Programme waren an diesem Abend geändert worden, um Sendezeit für ihn zu schaffen. Seine erste Reaktion war abzulehnen – er hatte seit fast einer Woche nicht mehr richtig geschlafen, und ihm fehlte die Zeit, um eine solch wichtige Ansprache vorzubereiten. Dann fielen ihm die Notizen ein, die er im Flugzeug gemacht hatte, und er bat darum, ihm zwanzig Minuten zu geben, um seine Gedanken zu sammeln.

Man ging auf Sendung, und Smiths Selbstvertrauen wuchs. Seine Rede war wie üblich wohlüberlegt, aber er konnte seine Gefühle nicht verbergen, während er alles noch einmal durchlebte: Als er berichtete, daß er beim Anblick des Fisches geweint hatte, flossen erneut die Tränen. Am Ende seiner Ansprache war er völlig erschöpft. Die Übertragung wurde später als eine der gefühlsgeladensten Sendungen bezeichnet, die jemals von einem südafrikanischen Radiosender ausgestrahlt wurde.

Nachdem er mit seiner Frau Margaret gesprochen hatte, versuchte Smith, ein paar Stunden zu schlafen. Der Quastenflosser lag gut versorgt in seiner mit Kapok gepolsterten Kiste neben dem Bett in Smiths Schlafraum in den Snell Parade Barracks, während draußen die Spezialeinheit einer Zulu-Wache Patrouille ging.

Gombessa

Ein Fisch geht um die Welt

Die dramatische Rettung von Malania beherrschte weltweit die Titelseiten der Zeitungen. Am 27. Dezember 1952 veröffentlichte die *New York Times* einen Bericht unter der Schlagzeile: »Vermutlich prähistorischer Fisch gefangen.« Drei Tage später verkündete die *New York Herald and Tribune*: »Wettrennen in der Luft zur Rettung eines toten Fisches setzt die hiesigen Wissenschaftler in Bewegung.« Die *Times of Malta* berichtete: »Malan schickt Flugzeug, um angeblich ausgestorbenen Fisch abzuholen«, während die *Dawn* aus Karachi meldete: »Missing link gefunden!« Der Quastenflosser und die Komoren hielten in das Lexikon der Welt Einzug.

Am 30. Dezember 1952 waren Smith und sein Fisch schon vor Sonnenaufgang in der Luft. Er sah in seinem besten Anzug wie aus dem Ei gepellt aus, aber wie üblich trug er offene Sandalen ohne Socken. Selbst eine Verabredung mit dem Premierminister konnte Smith nicht dazu veranlassen, von seiner unumstößlichen Regel abzuweichen, nie geschlossene Schuhe zu tragen. Die Dakota machte in Grahamstown eine Zwischenlandung, um Margaret Smith und Sohn William an Bord zu nehmen. Sie überflogen Knysna, wo J. L. B.s ältester Sohn Bob seine Ferien verbrachte. »Wir hatten keine Ahnung, was los war«, erzählt Bob. »Wir hatten weder Radio noch Zeitungen. Dann flog ein Flugzeug über unser Haus, und Dad ließ eine Botschaft für uns aus dem Fenster fallen. Er hatte sie an Bord geschrieben und an einem selbstgebastelten Papierfallschirm befestigt.«

Als sie sich Kapstadt näherten, reichte Kapitän Letley eine Nachricht nach hinten: »Mitteilung von Dr. Malan, er dankt Ihnen vielmals, daß Sie sich die Mühe gemacht haben, so weit zu kommen, aber ihm liegt nichts daran, den Fisch zu sehen, und er wünscht Ihnen eine glückliche Rückkehr nach Grahamstown.« Smith war enttäuscht. Er war zu Ehren des Premierministers gekommen und hätte ihm zu gerne das außerordentliche Ergebnis seiner Bemühungen gezeigt. Zunächst dachte er, der calvinistische Premierminister wäre verärgert, weil es um ein wichtiges Verbindungsglied der Evolution ging. Er zuckte mit den Achseln und sagte: »Na schön, da wir nun einmal so weit sind, können wir in Kapstadt lunchen und früh am Nachmittag zurückfliegen.« Erst als er das Grinsen auf den Gesichtern der Piloten sah, merkte er, daß er ein zweites Mal »reingelegt« worden war. Sie landeten in Kapstadt. William blieb auf dem Luftwaffenstützpunkt, um sich die Kampfflugzeuge anzusehen, und die Smiths und der Coelacanthus wurden mit einem Militärfahrzeug zum Haus der Malans gefahren.

Dort empfing man sie herzlich. Der Quastenflosser lag noch immer in seiner Kiste, weil Smith wollte, daß Malan ihn auf jeden Fall als erster sah. Die Kiste wurde unter einen Baum gestellt und dann der Deckel für den Premierminister geöffnet. Malan sah hinein, drehte sich zu Smith um und sagte mit einem Augenzwinkern: »Meine Güte, ist der häßlich. Meinen Sie im Ernst, daß wir einmal so ausgesehen haben?« Das war eine erstaunliche Bemerkung für einen tief religiösen Mann, der an die Geschichte von Adam und Eva glaubte.

Nach dem Mittagessen zeigte man den Fisch einem ausgewählten Kreis von Gästen der Malans. Auf dem Rückweg zum Luftwaffenstützpunkt erkannte der Taxifahrer Smith: »Mein Gott,

J. L. B. Smith zeigt Premierminister Daniel F. Malan den zweiten Quastenflosser, 30. Dezember 1952

Sir, Sie sind doch wohl nicht der Herr mit dem Fisch? Oh welche Ehre, welche Ehre für mich und mein Taxi.«

Am nächsten Tag, Silvester, erhob sich der Transporter des Fliegenden Fisches (wie ihn die *Pretoria News* getauft hatten) ein letztes Mal auf seiner langen Reise in die Luft. Er machte einen kurzen Umweg, um einen Kreis über dem Haus der Malans zu ziehen. Sie warfen Exemplare der Morgenzeitungen ab. Malan stand auf dem Rasen und winkte ihnen zu. Ein paar Stunden später landete die Dakota schließlich in Grahamstown, wo schon eine Menschenmenge zu ihrer Begrüßung wartete. Zu den Gratulanten gehörten auch der Bürgermeister, der in seinem vollen Ornat gekommen war, und Marjorie Courtenay-Latimer, die vor Stolz beinahe platzte. Smith erschien am Ausstieg, nach ihm seine Familie, und ganz am Schluß folgte die Kiste mit dem Quastenflosser, der nun allen gezeigt wurde. »Die Aufregung war groß«, erinnert sich Marjorie. »Wir waren ganz begeistert, vor allem, als sich herausstellte, daß sie das Zuhause des Quastenflossers bei den Komoren gefunden hatten.« Man überreichte Mrs. Smith einen Blumenstrauß, und J. L. B. Smith schenkte den vier Luftwaffenoffizieren zum Abschied eine Kopie seines Buches. Der Quastenflosser wurde mit Miss Latimer in den Kombi des Museums geladen und zu Smiths Labor in die Rhodes University gefahren.*

Mit der sicheren Rückkehr des *Malania anjouanae* fing für J. L. B. Smith eigentlich alles erst an. Nach vierzehnjähriger Suche stand ihm endlich ein vollständiger Quastenflosser zur Untersuchung zur Verfügung. Er wurde mit Bitten um Artikel und Interviews überhäuft, und jeder wollte den Fisch sehen. Dieses Mal überschattete kein Krieg die Quastenflosser-Geschichte, und die Weltpresse richtete ihr Augenmerk allein auf den urtümlichen Fisch und seine aufsehenerregende Rettung. Trotz J. L. B.s misanthropischer Ader hatte er großes Vergnügen an der Aufmerksamkeit und lehnte äußerst ungern Interviews ab, selbst wenn es sich um irgendwelche unbedeutenden Zeitungen und Magazine handelte. Zwar hatte er seit einer Woche kaum geschlafen, aber eine Ruhepause durfte er trotzdem nicht einlegen – es war viel zuviel zu erledigen.

Er schrieb für die Londoner *Times* einen Artikel, der an Neujahr getippt und abgeschickt wurde (Smith hatte um fünf Uhr dreißig morgens den Bürgermeister angerufen und um zwei Sekretärinnen gebeten) und am 2. Januar 1953 in der Zeitung erschien. Smith hat darin sowohl der breiten Öffentlichkeit als

* Um den vierzigsten Jahrestag des Coelacanthus-Fluges zu feiern, wurde die Dakota, die noch immer im Einsatz war, auf Hochglanz gebracht und mit Passagieren an Bord nach Grahamstown geflogen. Drei der ehemaligen Besatzungsmitglieder waren dabei: die Navigatoren Duncan Ralston und Willem Bergh und der Funker »Vanski« van Niekerk. Zwei Jahre später musterte die südafrikanische Luftwaffe die Dakota offiziell aus und schenkte sie dem SAAF Museum in Pretoria.

auch den engeren wissenschaftlichen Kreisen die Bedeutung des Quastenflossers zu erläutern versucht. »Diese Entdeckung ist eine nachdrückliche Warnung an die Wissenschaftler, nicht zu dogmatisch zu sein«, schrieb er. Der Umstand, daß es mindestens zwei Arten eines Fisches zu geben schien, von dem man sicher angenommen hatte, er sei ausgestorben, offenbare die Ungewißheit der menschlichen Kenntnis dessen, was in den Meeren, die den Großteil der Erdoberfläche bedecken, vor sich geht. »Wir haben in der Vergangenheit geglaubt, nicht nur das Land, sondern auch das Meer zu beherrschen«, schrieb er. »Das ist ein Irrtum. Das Leben geht dort so wie von Anfang an weiter. Der Einfluß des Menschen ist bisher nur ein flüchtiger Schatten. Diese Entdeckung bedeutet, daß wir vielleicht noch andere scheinbar ausgestorbene Fisch-Geschöpfe im Meere lebend finden.« Des weiteren betonte Smith, welche unschätzbare Hilfe den Paläontologen die Entdeckung eines lebenden Coelacanthus gewesen sei. Seine bemerkenswerte Ähnlichkeit zu früheren Rekonstruktionen des Coelacanthus aus fossilen Resten hat die Genauigkeit ihrer Versuche bestätigt, schon lange ausgestorbene Tiere von schwachen Abdrücken in urzeitlichem Gestein nachzubilden. Er vermied es weitgehend, entwicklungsgeschichtliche Überlegungen anzustellen – besonders, wenn sie den Quastenflosser direkt betrafen. Allerdings betonte er, daß wir sehr wenig über die inneren Vorgänge solcher vierhundert Millionen Jahre alter Lebewesen wissen und wir daher durch eine Untersuchung der Weichteile des Fisches etwas darüber lernen könnten, wie die inneren Organe solcher urtümlichen Lebewesen arbeiteten – dadurch ließe sich ein klareres Bild der Evolution gewinnen. »Er kann sich in der Tat als eine Art H. G. Wellsscher ›Zeitmaschine‹ erweisen, nur stets im umgekehrten Sinne«, schreibt er.

Der Bürgermeister von Grahamstown lud die Würdenträger der Stadt zu einem offiziellen Mittagessen, danach sollte die

Ausstellung des Quastenflossers für das Publikum eröffnet werden. Zu den Gästen gehörten Professor Rennie und seine Frau, Freunde der Smiths von der Rhodes University. Sie erinnerten sich gut an diesen Tag. »Es war ein Samstagnachmittag, und die Stadt lag ruhig da, aber vor der Stadthalle wartete die größte Menschenansammlung, die ich je gesehen habe«, erzählte Bee Rennie. »Die Leute strömten aus allen Richtungen auf den Platz. Von Richtern über Kerzendreher und weiß Gott wen alles. Wir sahen, wie sich der Gerichtspräsident nach drinnen drängte, und gleich neben ihm die winzige Friseurin Helen Campbell.«

Sie beschrieben, wie sie einen langen Gang bis zur Halle durchschritten, wo der *Malania anjouanae* in seiner Kiste auf gebahrt lag. Mr. Archer, der einzige Verkehrspolizist von Grahamstown, dirigierte die Massen, während seine Augen wegen des Formalins tränten. »Das Ganze erinnerte uns an den Tod von George V. im Jahr 1936, als wir an dem Katafalk vorbeigeschritten waren, auf dem er in seinem Sarg aufgebahrt lag«, erzählte Professor Rennie.

Auch Margaret Smith erinnerte sich noch lebhaft an die Zeit, die der Rückkunft von *Malania* folgte: »Es war der aufregendste Moment in einem aufregenden Leben. Nach der Rückkunft nach Grahamstown schienen wir tagelang wie auf Wolken zu schweben, bis wir unsanft wieder auf der Erde landeten, als wir merkten, wieviel noch zu tun war.«

Malania wurde später zu ähnlich würdevollen Anlässen ins East London Museum gebracht, wo er ein paar Tage mit *Latimeria* verbrachte, und anschließend nach Port Elizabeth geschickt. Wo auch immer er auftauchte, zog er große Aufmerksamkeit auf sich – in nur kurzer Zeit haben ihn schätzungsweise zwanzigtausend Menschen gesehen. Die Smiths bekamen säckeweise Briefe und Telegramme mit Glückwünschen von Wissenschaftlern und Nichtwissenschaftlern. Ein amerikanischer Ichthyologe schrieb: »Nun kann ich glücklich sterben, denn ich habe gesehen, wie das große amerikanische Publikum über einen Fisch in Aufregung geriet.« Weltweit waren sie im Fernsehen zu sehen, von Amerika bis Japan, Alaska und Timor. »Wir wurden wie von einer Art Flutwelle davongetragen, über die wir keine Gewalt hatten, einer Welle, die mehrmals um die ganze Erde ging, bis zu ihren äußersten Winkeln, und deren Rückstrom selbst nach dieser langen Zeit noch immer den Weg zu uns findet«, schrieb J. L. B. Smith. »Dabei wurde ein unbekannter und hochtechnischer Name zu einem Bestandteil der Umgangssprache der Menschheit.«*

Als Smith mit einer genaueren Untersuchung des Fisches begann, stellte er mit Schrecken fest, daß das Gehirn des Quastenflossers fehlte und ein Großteil der inneren Organe durch die schlechte Behandlung stark in Mitleidenschaft gezogen war. »Das war eine böse Überraschung. Wieder einmal war es kein kompletter Fisch«, klagte er. Aber dafür konnte er viele ungewöhnliche und wunderbare Merkmale entdecken, beispielsweise Kiemen, die wie Kieferknochen aussahen, und damit einen Hinweis darauf gaben, daß Kiefer und Kiemenbögen denselben Ursprung haben. Die Hohlröhre des Rückens bestimmte er als Chorda dorsalis, einer aus Knorpeln bestehenden primitiven Vorform des Rückgrats. Er fand die Bestätigung, daß die gliedmaßenähnlichen Flossen ein eigenes Skelett hatten, aber nichts deutete auf Lungen hin, statt dessen hatte der Fisch eine mit Fett gefüllte Schwimmblase. Im Darm fand er Nahrungsreste, unter anderem die Schuppen und Augäpfel eines Fisches, den Smith auf ein Gewicht von gut sieben Kilo schätzte, was ihn in seiner Überzeugung bestärkte, daß der Quastenflosser ein gefährlicher und erfolgreicher Raubfisch

* Ein britischer Abgeordneter nannte einmal einen Gegner einen »Coelacanthus«, da er nach dessen langem Schweigen im Parlament überrascht feststellte, daß er überhaupt noch am Leben war.

war. Mit der Zeit kam er zu dem Schluß, daß die fehlende Rückenflosse und der seltsame Schwanz wahrscheinlich die Folge des Kampfes mit einem Haifisch waren und kein Hinweis darauf, daß er einer anderen Spezies angehört als der 1938 gefundene *Latimeria.*

Die Smiths arbeiteten auf Hochtouren an einem Bericht für *Nature*, der bereits im Heft vom 17. Januar 1953 erschien – nur drei Wochen nach der heldenhaften Rettung des Fisches. »Ich habe das große Privileg, die Entdeckung eines zweiten Coelacanthus bekanntzugeben«, erklärte er, bevor er die Theorie von E. I. White vom British Museum, daß der Quastenflosser ein Bewohner der Tiefen sei, vom Tisch wischte. Er gab bekannt, daß er bei der Durchführung der genaueren Untersuchung des Fisches gerne die Hilfe anderer Wissenschaftler annehmen würde. Es kamen auch massenweise Angebote von Fachleuten, aber im tiefsten Inneren wollte Smith seinen *Malania* nicht zerstückeln lassen. Er wußte zwar, daß es nur im Interesse der Wissenschaft sein konnte, aber er hätte es bei weitem vorgezogen, wenn ein anderes, vollständigeres Exemplar für die Wissenschaft gefunden würde und *Malania* mehr oder weniger heil bleiben konnte.

Aber auch andere waren versessen darauf, in den Besitz eines Quastenflossers zu kommen. Anfang 1953 berichtete der *Daily Mirror*, daß der Londoner Zoo eintausend Pfund für ein lebendes Exemplar bot. Der Leiter der Fischabteilung, Herbert Vinall, hatte anscheinend schon ein spezielles großes Aquarium für ihn vorbereitet. »Wir haben alle möglichen Arten von kuriosen Fischen hier«, sagte Vinall. »Ich denke, dieses alte Fossil wird sich bei uns wie zu Hause fühlen.«

Die »Spinner« fingen wieder an, Briefe zu schreiben. Aus der ganzen Welt trafen Briefe ein, in denen Smith für seine Arbeit vor allem von religiösen Menschen beschimpft wurde. Ein Mann veröffentlichte ein denunziatorisches Pamphlet, andere drohten mit Gewalt und erklärten Smith, daß es besser für die Menschheit gewesen wäre, wenn er nie geboren worden wäre. Er reagierte auf diese Angriffe mit seinem üblichen Humor.

Es konnte nicht ausbleiben, daß auch Premierminister Daniel F. Malan für den scheinbar unpolitischen Akt, einen alten Fisch zu retten, angegriffen wurde. Der *Manchester Guardian* veröffentlichte einen an den Begründer des Apartheidsystems gerichteten bissigen Kommentar, der auf die Widersprüchlichkeit der von ihm vertretenen politischen und religiösen Ansichten und seiner Rolle bei dem Fang des Quastenflossers verwies. Unter dem Titel »Daniel und Darwin« durfte der Premierminister lesen: »Es kommt nicht alle Tage vor, daß Premierminister, die sich von den Sorgen und Kümmernissen ihres Amtes erholen, gebeten werden, ihre Ferien im Interesse der Ichthyologie zu unterbrechen. Dr. Malan, so wird berichtet, ließ sich zu diesem Anlaß mit dem uneigennützigen Interesse des wahren Wissenschaftlers stören. Aber wußte Dr. Malan auch, was er da tat? Man nimmt an, daß der Coelacanthus ein Glied in der Beweiskette ist, welche die Entwicklung des Menschen vom Fisch her zeigt. Dr. Malan war Geistlicher der holländisch-reformierten Kirche, und erst letzten September klagte eben diese holländisch-reformierte Kirche Südafrikas über eine Ausstellung im Transvaal Museum, in der behauptet wurde, der Mensch stamme vom Affen ab.

Die Theorie der Apartheid und der Überlegenheit der Weißen über die Schwarzen würde einen häßlichen Riß bekommen, wenn zweifelsfrei bewiesen werden könnte, daß alle Menschen, Schwarze und Weiße, einen gemeinsamen Vorfahren haben – und einen noch häßlicheren Riß, wenn sich zeigen sollte, daß dieser gemeinsame Vorfahre der Coelacanthus, ein ganz gemeiner Fisch, ist.«

Während sich Smith mit den empfindlichen inneren Organen von *Malania* herumschlug und sich gleichzeitig im weltweiten Ruhm sonnte, verbrachte Eric Hunt, der den zweiten Quastenflosser für ihn gerettet hatte, noch einige Zeit auf den Komoren. Er war stolz darauf, zu Smiths Erfolg beigetragen zu haben, aber ihm war auch klar, daß es Schwierigkeiten mit den Franzosen geben würde; sie würden sich zweifellos gedemütigt fühlen, hatten sie doch den Schatz, der praktisch vor ihren Füßen lag, nicht erkannt. Er schrieb J. L. B. Smith von seinem Schiff aus und erzählte von einem Mittagessen in der Residenz des Gouverneurs, in dessen Verlauf Coudert ihm anvertraut hatte, daß man von dem französischen Forschungszentrum auf Madagaskar bereits einige »offene Worte« an ihn gerichtet hatte, weil er Hunt zur Seite gestanden und den Quastenflosser nach Südafrika habe schaffen lassen. Er meinte, sie würden den Fisch nur deshalb nicht für sich reklamieren, weil sie die Identität Hunts nicht kannten.

Hunt schrieb Smith auch von der Feier in Mutsamudu, bei der dem Fischer Ahamadi Abdallah die Belohnung von einhundert Pfund überreicht worden war. Den dortigen Sitten entsprechend gab er seinem Helfer ein Drittel des Geldes, aber es war noch immer eine riesige Summe für einen armen Fischer. Das öffentliche Ansehen war allerdings noch wichtiger, da sie ihm einen höheren Status gegenüber den Standesgenossen einbrachte. Ahamadi Abdallah erzählte Hunt, daß die Fischer den Fisch kannten, da er ihnen gelegentlich ins Netz ging. Er wurde *gombessa* genannt. *Gombessa* war im frischen Zustand nicht genießbar, konnte aber gesalzen verzehrt werden. Abdallah bestätigte, daß er den *gombessa* ungefähr zweihundert Meter vor der Küste in einer Tiefe von zwanzig bis dreißig Metern gefangen hatte.

Darüber hinaus, berichtete Hunt, hatte er von einem weiteren Exemplar gehört, das vor kurzem in der Nähe von Mitsamiouli auf Grande Comore, der größten der Komoren-Inseln, gefangen worden war. Man hatte ihn allerdings fortgeworfen, als der einheimische muslimische Priester ihn für ungenießbar erklärt hatte. Mit den Schuppen wurden Fahrradschläuche aufgerauht, wenn man ein Loch flicken wollte.* Es kursierten Gerüchte von weiteren Coelacanthus-Fängen, sagte Hunt, und er neigte dazu, ihnen Glauben zu schenken.

Er dankte Smith noch einmal, den Fisch nach Anjouan genannt zu haben. »Die Regierungsstellen waren immer sehr freundlich zu mir, und ich habe das Gefühl, mein Insistieren auf die Hinzufügung des Namens Anjouan ist eine wenn auch nur bescheidene Möglichkeit, ihnen meine Hochachtung zu erweisen. Eine so seltene Entdeckung nach sich selbst benennen zu lassen, ist natürlich eine Versuchung, aber in diesem besonderen Fall spürte ich, daß meine Verbundenheit zu den Inseln, die vier Jahre lang mein einziges Handelsgebiet waren, stärker ist.« Er bat Smith, die Zeitungsartikel, in denen es um den Quastenflosser ging, seinem Vater in London zu schicken.

Zwei Wochen, nachdem Smith und sein Fisch die Komoren verlassen hatten, wurde Hunts Glück ein jähes Ende bereitet, als die *N'duwaro* in einen Wirbelsturm geriet und sank. Hunt kehrte nach Dsaudsi zurück, um auf die Ankunft eines der »Burschen von Lloyds« zur Regulierung des Schadens zu warten. Der Sturm hatte die Insel verwüstet, wie er berichtete. Dsaudsi, »das eigentlich sehr hübsch gewesen war, sah jetzt so aus, als wäre eine Atombombe darauf niedergegangen«. Häuser waren eingestürzt, und die Straßen waren mit Ästen, Müll und verbogenem Wellblech übersät.

* Versuche des Coelacanthus-Experten Robin Stobbs haben allerdings gezeigt, daß die Schuppen dafür nicht stark genug sind. »Man könnte vielleicht ein Stück gefrorener Margarine damit aufrauhen, aber keinen Fahrradschlauch schleifen oder ein Holzstück glätten«, behauptet Stobbs.

Inzwischen war ein französischer Wissenschaftler nach Anjouan entsandt worden, der die Anweisung hatte, so lange zu bleiben, bis ein weiterer Quastenflosser gefunden war, schrieb Hunt an J. L. B. Smith in einem seiner Briefe. Der Gouverneur hatte nicht nur von den verantwortlichen Wissenschaftlern der Forschungsstelle auf Madagaskar ziemlich viel Kritik dafür geernet, daß er Smith erlaubt hatte, den Franzosen vor der Nase einen Fisch wegzuschnappen, der von einem französischen Staatsbürger in französischen Gewässern gefangen worden war. In den Pariser Zeitungen waren lange und wütende Artikel erschienen, die gegen den »Diebstahl« des Quastenflossers wetterten. »Wohlgemerkt, ich kann mich sehr gut in sie hineinversetzen und ihren Standpunkt verstehen«, schrieb Hunt. »Ich bin mir ziemlich sicher, daß auch Sie wütend gewesen wären, wenn ein französischer Schonerkapitän wie ich diesen Fisch in Südafrika entdeckt und den Franzosen geschickt hätte.«

Hunts Brief überkreuzte sich mit einem von Smith, den dieser nach Sansibar geschickt hatte und in dem er die Ereignisse beschrieb, die seiner Rückkehr nach Südafrika folgten. Er erwähnte die Radiosendung, die von der BBC weltweit ausgestrahlt worden war. »Ich hoffe, Sie haben sie gehört«, schrieb Smith, »da sie Ihrer Findigkeit und Entschlossenheit volle Gerechtigkeit widerfahren ließ. Ich bekam einen Brief von einer Mrs. Waddington, die meine Radiosendung in England gehört hatte und schrieb: ›Wir sind so froh, daß es Eric war. Wenn Sie einen Dinosaurier suchen würden, er könnte Ihnen einen beschaffen.‹«

Er schlug vor, daß es sich vielleicht als profitabler erwiese, wenn Hunt als Führer für all die Coelacanthus-Expeditionsteams arbeiten würde, die jetzt von überall her auf die Inseln strömen würden, statt weiterhin dem harten Handelsgeschäft nachzugehen. Auch er und Margaret, so schrieb er, hätten große Lust, die Komoren im Laufe des Jahres zu besuchen und die »große Schatzkammer der Fischfauna« zu erkunden.

»Die Wissenschaft ist Ihnen für Ihren Anteil an dieser wichtigen Entdeckung dankbar, und ich hoffe, Sie werden Ihr Wissen anderen zugute kommen lassen«, schloß Smith seinen Brief. Margaret Smith legte einen eigenen Brief bei, in dem sie Hunt gratulierte: »Solange es die menschliche Rasse geben wird, wird Ihr Name mit einer der aufregendsten Geschichten unserer Tage verbunden sein. Für mich stellt es eine große Befriedigung dar, mein Vertrauen in Sie so vollkommen gerechtfertigt zu sehen und zu wissen, daß Sie in keiner Weise einzuschüchtern waren. Sie haben gewiß eines Ihrer großen Ziele erreicht: die komorischen Inseln auf die Landkarten zu bringen. Nach dieser Geschichte erwarten wir, daß ihnen die Aufmerksamkeit der ganzen Welt zuteil wird.«

In Frankreich wuchs das Ressentiment gegen Smith und erreichte zum Leidwesen Hunts auch die Komoren. Hunt saß nach dem Verlust seines Schiffes fest und gab eine gute Zielscheibe für Angriffe ab. Gouverneur Coudert wurde unter Druck gesetzt, etwas zu unternehmen. Schließlich war er es gewesen, der Smith erlaubt hatte, den Quastenflosser aus französischem Staatsgebiet herauszuschaffen, und jetzt mußte er rasch handeln, um seine Karriere zu retten. Er erklärte den Nächstbesten zum Sündenbock und klagte Hunt an. An Smith schrieb er Briefe, in denen er die Ereignisse ganz anders schilderte als Hunt.

Hunts Dankbarkeit gegenüber den Franzosen ließ schnell nach. Er schrieb an Smith: »Ich war wütend und erklärte dem Gouverneur, daß ich aus der ganzen Angelegenheit keinerlei persönlichen Gewinn zu schlagen beabsichtigt hatte und daher zumindest Dank dafür erwarten konnte, die Propagandamaschine in Gang gebracht und die Bezahlung der hundert Pfund persönlich garantiert zu haben. Und daß ich auch der einzige gewesen bin, der sich um die Konservierung des Fisches gekümmert hat. Niemand außer mir und meiner Mannschaft, mit der ich mich dabei abwechselte, dem Fisch Injektionen zu geben, hatte irgend etwas damit zu tun.«

Hunt beschrieb detailliert die Schritte, die er unternommen hatte, um den Quastenflosser zu retten, und die Kooperation des Gouverneurs im weiteren Fortgang des Geschehens. »Paris war aufgebracht, daß der Fisch nicht zu ihnen geschickt worden war. Sie wiederum sagen, daß er letzen Endes zu Ihnen zurückgekommen wäre. Das kann ich nicht beurteilen, ich weiß es nicht. Aber was ich weiß, ist, daß Paulion, mit dem ich in Tananarive gesprochen habe, wütend auf den Gouverneur war. Um sich aus der Affäre zu ziehen, hat er Ihnen einen Brief geschrieben, in dem er meine Rolle in dieser Angelegenheit ganz und gar herunterspielt und mich mehr oder weniger bloß zum Transporteur des Fisches von Insel zu Insel macht. Er behauptet, daß er Ihnen den Fisch im Namen Frankreichs überreicht habe und daß sich in Anjouan die Behörden um den Fisch gekümmert und ihn versorgt haben, bis Sie auf der Bildfläche erschienen sind.

Ich bin über all das wirklich sehr wütend, weil aus einem Freundschaftsdienst zwischen uns ein politischer Skandal geworden ist.«

Hunt schrieb darüber hinaus, daß ihn die Franzosen dazu gezwungen hätten, eine offizielle Darstellung der Ereignisse zu unterschreiben, die sich von der wahren Geschichte grundlegend unterschied. Es gebe drei Versionen, erklärte Hunt: die offizielle Meldung, die vor Smiths Ankunft nach Frankreich geschickt worden war und die Hunts Bericht unterstützt; die geschönte Version, die als Reaktion auf den Druck aus Paris entstanden war und in der Hunt nicht in Erscheinung tritt und die zu unterschreiben er ablehnte; und schließlich die Kompromißversion, die immer noch die Ereignisse sehr zugunsten

Frankreichs darstellte. »Ich verdiene mir auf den Komoren meinen Lebensunterhalt«, schrieb Hunt, »und dort studiere ich Fische und kann meinem Hobby, dem Fischen, nachgehen. Ich muß also mit den französischen Behörden im Einvernehmen bleiben, und aus diesem Grund habe ich die letzte offizielle Version der Quastenflosser-Geschichte unterschrieben. Inzwischen wünschte ich, daß ich Ihr Angebot angenommen hätte, den Fisch nach mir zu benennen. Dadurch hätte ich mir fraglos eine gewisse Anerkennung gesichert, die mir so nicht entgegengebracht wird.

Ohne besonders selbstgefällig sein zu wollen – ich denke, Sie sind sich bewußt, wenn ich nicht in Sansibar Ihre Frau kennengelernt hätte, daß es für niemanden einen Coelacanthus aus dem Jahr 1952 gäbe.«

Smith antwortete hochtrabend und versicherte Hunt, er solle »nicht zuviel darauf geben, was diese Behörden gesagt haben, denn es entspricht nicht dem, was auf der ganzen Welt in den Zeitungen zu lesen gewesen ist. Sie brauchen nicht das Gefühl zu haben, als sei Ihnen nicht genügend Anerkennung zuteil geworden. Das ist nicht der Fall. Sie haben sich sogar noch größere Anerkennung durch Ihre Bitte erworben, daß der Fisch nicht nach Ihnen, sondern nach Anjouan benannt werden sollte. Sowohl meine Frau als auch ich haben erfahren, daß Ihre Leistungen gewürdigt werden. Mrs. Smith hat wiederholt in der Öffentlichkeit gesagt, daß sie immer wußte, wenn ein Nichtfachmann ein Tier dieser Art ausfindig machen könnte, würden Sie das sein.«

Er spielte das Vorgehen der Franzosen herunter und meinte, daß diese »die ganze Situation nicht wirklich verstanden« hätten. »Sie waren so sehr über das weltweite Echo erstaunt, daß sie den Eindruck hatten, etwas Wichtigen beraubt worden zu sein«, schrieb er. »Den Franzosen ist nicht klar, daß es natürlich auch von Interesse gewesen wäre, wenn jemand anderes einen

Quastenflosser entdeckt hätte, daß aber die erstaunlichen Reaktionen von allen Seiten nicht allein der Quastenflosser hervorrief, sondern die bemerkenswerten Umstände der ganzen Geschichte. Am interessantesten für die Welt war wohl, daß diese Entdeckung das unmittelbare Ergebnis und der Höhepunkt meiner vierzehnjährigen Forschungen war. Und dann war da Ihr Anteil und dessen unmittelbare Beziehung zu uns und der langen Suche.« Das Eingreifen des südafrikanischen Premiers habe das Interesse noch gesteigert, räumte Smith ein. »Keiner dieser Umstände hätte sich der Entdeckung durch irgendeine andere Person zurechnen lassen. Abgesehen davon, wenn die Franzosen das Exemplar in die Hände bekommen hätten, dann wäre aller Welt auch klar gewesen, daß dies nicht ihr eigenes Verdienst gewesen ist, und sie wären bestimmt nicht für ihr Vorgehen bewundert worden.«

Smith entschuldigte sich bei Hunt dafür, daß er, abgesehen von den einhundert Pfund, die er ihm schon gegeben hatte, nicht in der Lage war, die noch ausstehenden Auslagen zurückzuerstatten – für die Telegramme und die beim Warten auf das Flugzeug verlorene Zeit –, fügte aber hinzu, daß er hoffe, Gelder für eine Ende des Jahres geplante Expedition zu den Komoren aufzutreiben. Eine Expedition, die jedoch nie stattfand. Die Smiths und Hunt blieben weiter in Verbindung, aber sie sahen sich nie wieder.

Hunts Anteil an der Quastenflosser-Geschichte verstärkte sein Interesse an der Meereswelt – ungeachtet der schlechten Behandlung, die er durch die Franzosen erfahren hatte, weil Smith sich einen Fisch angeeignet hatte, den sie als französisches Eigentum betrachteten. Nachdem die *N'duwaro* 1953 untergegangen war, kaufte er in Neapel einen neuen, größeren Schoner von dreißig Meter Länge, den er *Hiariako* nannte (Suaheli für »deine Wahl«). Zwei Jahre später heiratete er Jean Fowler, eine vierzehn Jahre jüngere Schottin. Die Hochzeit fand in

Tananarive, der exotischen französischen Kolonialhauptstadt von Madagaskar, statt. Jean begleitete ihn auf vielen seiner Reisen, aber Hunt fand das Leben auf einem Handelsschiff nicht mit dem eines Ehemannes vereinbar. Fische waren für ihn mittlerweile von einem bloßen Interesse zu einer Leidenschaft geworden. Hunt unterhielt nicht nur zu Hause und auf seinem Schiff Aquarien, er hatte auch begonnen, Fische genau zu studieren und sich für die Erhaltung der Meereswelt zu engagieren. Er hatte vor, sein Schiff zu veräußern, sich mit Jean in Madagaskar niederzulassen und ein Unternehmen zur Lieferung von exotischen Fischen an Aquarien in der ganzen Welt aufzubauen.

Am 9. April 1956 legten die Hunts von Sansibar ab, um Fische zu fangen und Fracht aufzunehmen. Eric hatte vor der Abfahrt einem Freund anvertraut, daß dies wahrscheinlich seine letzte Fahrt war, bevor er verkaufte. Sie verbrachten ein paar Tage auf den Komoren, um einen Teil der Ladung zu löschen, und segelten dann nach Majunga, einer hübschen Stadt an der Nordwestküste von Madagaskar, wo sie Fische sammelten, die sie in das Bordaquarium brachten. Danach ging Jean von Bord, um madagassische Betriebe, die Spitze herstellten, ausfindig zu machen und Freunde in Tananarive zu besuchen, während Eric mit neuer Fracht zurück zu den Komoren fuhr. Er schickte ihr ein Telegramm mit der Nachricht, daß sie zu ihm fliegen und ihn in Dsaudsi treffen solle, wo er sie am Morgen des 3. Mai um neun Uhr dreißig erwartete. Er sollte nie dort ankommen.

Eine offizielle Untersuchung ergab, daß die *Hiariako* wie geplant in den frühen Stunden des 1. Mai 1956 von Majunga ablegte. Außer Eric waren vierzehn Besatzungsmitglieder und elf Passagiere an Bord. Schon bald nach dem Ablegen gerieten sie in heftige Sturmböen mit starkem Wellengang, und am nächsten Morgen mußte Hunt eingestehen, daß er nicht mehr wußte, wo sie waren. Den ganzen Tag und die ganze Nacht suchten sie vergeblich den Horizont nach Land ab. Um vier Uhr morgens, als Eric schlief, lief das Schiff auf dem Geyser-Riff auf und blieb leckgeschlagen auf dem tückischen Korallenriff liegen. Sie waren nur achtzig Seemeilen von ihrem Zielhafen entfernt.

Die Mannschaft versuchte verzweifelt, das Schiff wieder flottzumachen. Sie warfen die gesamte Ladung über Bord, aber das Wasser strömte immer weiter in die *Hiariako*, und Hunt sah sich gezwungen, Befehl zum Verlassen des Schiffes zu geben. Er selbst, ein französischer Passagier und der Koch kletterten in ein kleines Dinghi. Die älteren Mannschaftsmitglieder und drei komorische Frauen mit ihren Kindern nahmen das Beiboot des Schiffes. Die übrigen verteilten sich auf einem hölzernen Floß und einem weiteren, behelfsmäßig aus Ölfässern und Lukendeckeln zusammengezimmerten Floß. Jeder bekam ein paar frische Lebensmittel und Wasser.

Zunächst versuchte Hunt, die anderen mit seinem kleinen Außenbordmotor an die Küste zu ziehen, merkte aber bald, daß dies ein hoffnungsloses Unterfangen war. Also entschied er sich, Segel zu setzen und sich mit dem Franzosen und dem Koch auf den Weg nach Mayotte zu machen, um Hilfe zu holen. Man hat ihn nie wieder gesehen. Ein heftiger Sturm raste über das Meer und brachte wahrscheinlich die Rettungsflöße zum Kentern. Das Beiboot hielt dem Sturm stand, aber bald ging den neun Leuten an Bord Wasser und Essen aus. Innerhalb weniger Tage starben zwei Kinder und eine Frau. Fünfzehn Tage später, am 20. Mai 1956, wurden die Überlebenden von komorischen Fischern entdeckt, die in drei kleinen Auslegerbooten unterwegs waren und die sie nach Grande Comore in Sicherheit brachten.

Am 24. Mai entdeckte man fünfzehn Meilen westlich von Moheli, der kleinsten der vier komorischen Inseln, Hunts leeres Dinghi, das gekentert war. Der Motor schien aus der Halterung gerissen worden zu sein, und es gab kein Zeichen der drei Männer, abgesehen von Schwimmwesten, die hundert Meter entfernt im Wasser trieben. Die Leichen von Hunt und seinen zwei Begleitern wurden nie gefunden.

Das Schiffsunglück versetzte die britische Presse in Aufregung, als in einem Bericht des *Daily Telegraph*, der sich auf ungenannte britische Geheimdienstquellen berief, die – falsche – Vermutung geäußert wurde, daß Hunt umgekommen war, als er den gewagten Versuch unternommen hatte, den Führer der griechischen Gemeinde auf Zypern, Erzbischof Makarios, von seinem Exil auf den Seychellen verschwinden zu lassen. Hunts Familie war über diese Verleumdung äußerst aufgebracht und führte einen zornigen Briefwechsel mit dem unnachgiebigen *Daily Telegraph*. Der offizielle Bericht über den Vorfall deutet allerdings mit keinem Wort einen Entführungsauftrag an und schließt damit, daß es sich um einen Unfall handelte und weder dem Kapitän noch der Mannschaft ein Vorwurf zu machen war.

Henry Nichols schrieb in seinem Nachruf: »Eric Hunt wird von all seinen Freunden unter den Fischern sehr vermißt werden, aber sein Weggang hinterläßt zweifellos auch eine große leere Stelle im Leben der einfachen, armen schwarzen und braunen Menschen entlang der ostafrikanischen Küste von Pango bis Lourenço Marques und auf vielen der küstennahen Inseln des Indischen Ozeans.« Nichols schrieb, daß Hunt den Einheimischen sowohl mit Geld und Waren als auch mit seiner Freundschaft und seinem Vertrauen geholfen hat. »Er war ein Künstler«, schloß er, »und zwar im besten Sinne des Wortes. Ein Mann, der das Leben liebte und es bis zu seinem letzten tosenden, sturmgepeitschten Moment liebte – als er zu helfen versuchte.«

J. L. B. Smith schäumte vor Wut, als ihm 1953 die Franzosen die Erlaubnis zur Einreise auf die Komoren verweigerten. »Die weltweiten Reaktionen auf den außerordentlichen Erfolg meiner langen Suche nach dem Quastenflosser hatte erstaunliche Folgen in Frankreich, wo eine weitverbreitete und gewissermaßen hysterische Pressepropaganda die Öffentlichkeit in Aufregung versetzte«, schrieb er. »Dadurch machte sich eine Stimmung breit, die zu der Forderung führte, daß die französische Regierung die Übergabe des Coelacanthus an Frankreich verlangen sollte.« Diplomatische Verwicklungen standen zu befürchten: Der Verlust von *Malania* schmerzte noch, und daher war es keine Überraschung, als Paris am 9. November 1953 den Erlaß ergehen ließ: »Es ist bis Jahresende nur französischen Wissenschaftlern erlaubt, vor den französischen Komoren im Indischen Ozean zwischen Mosambik und Madagaskar nach dem Coelacanthus zu suchen. Die hiesigen französischen Behörden haben einen vollständigen Bann für Expeditionen ausländischer Wissenschaftler erklärt .«

So wurde der Quastenflosser zu einem französischen Fisch.

Notre coelacanthe

Die Franzosen übernehmen die Regie

Die Franzosen waren entschlossen, die verlorene Zeit wieder aufzuholen und ihren Besitzanspruch auf den Quastenflosser geltend zu machen. Sie hatten anfangs unterschätzt, welche Aufregung die Entdeckung von *Malania* verursachen würde. Sowohl die wissenschaftliche Welt als auch die Öffentlichkeit stürzte sich mit dem größtem Interesse auf den seltsamen und urzeitlichen Fisch, und daran wollten die Franzosen Anteil haben. Selbst Hollywood schloß sich an: Der Film *Der Schrecken vom Amazonas* aus dem Jahre 1954, in dem ein fischähnliches Monster aus dem Wasser eine Hauptrolle spielte, war eindeutig durch die Entdeckung von *Malania* inspiriert.

Damals wurde die französische Forschungsstation in Tananarive auf Madagaskar von Dr. Jacques Millot geleitet, einem Spinnenexperten. Er übernahm die Koordination der Suche nach einem *französischen* Quastenflosser, und während der folgenden beiden Jahrzehnte blieben Wissenschaftler anderer Nationen davon ausgeschlossen. Frankreich sollte allein den Ruhm dafür ernten, das Geheimnis der komplizierten inneren Vorgänge des berühmtesten Fisches der Welt zu enträtseln.

Millot stationierte auf den Komoren Pierre Fourmanoir, einen seiner Kollegen, der die einheimischen Fischer dazu bewegen sollte, verstärkt auf Fischfang zu gehen. Es muß nicht eigens erwähnt werden, daß die versprochene Belohnung von 100 Pfund für *»le poisson«*, wie er inzwischen genannt wurde, einen ausreichenden Anreiz für ihre Bemühungen darstellte.

Am 26. September 1953 wurde bei Mutsamudu, ebenfalls auf

der komorischen Insel Anjouan, ein 129 Zentimeter großer und 39,5 Kilogramm schwerer Quastenflosser aus dem Wasser gezogen. Der Fischer, Houmadi Hassani, konnte ihn sofort als Quastenflosser identifizieren und brachte ihn so schnell wie möglich zu seinem Haus. Seine Frau bewachte den Fisch, während er zu dem französischen Arzt Dr. Georges Garrouste eilte, der von Millot eine spezielle Ausrüstung zur Konservierung von Quastenflossern erhalten hatte, und ihn um Hilfe bat. Garrouste holte den Quastenflosser in seinem Krankenwagen ab und injizierte ihm mehr als dreißig Liter Formaldehyd. Am nächsten Tag wurde er in einer besonderen Maschine zu Millot nach Tananarive geflogen. Die Franzosen waren überglücklich. Unter der triumphierenden Überschrift *»Notre Coelacanthe!«* prangten die Bilder des Fisches auf der ersten Seite von *Le Monde.*

Smith befand sich zu diesem Zeitpunkt auf der Insel Bazaruto vor der Küste von Mosambik. Er war gerade damit beschäftigt, einen riesigen Zackenbarsch zu untersuchen, der im seichten Wasser gefangen worden war, als er von einem portugiesischsprechenden Chinesen angesprochen wurde. Dieser Mann hatte in der vergangenen Nacht im Radio einen Bericht über einen großen Fisch mit einem seltsamen Namen gehört, den die Franzosen, soweit er sich erinnerte, irgendwo bei Madagaskar gefangen hatten. Smiths Name war gefallen, und aus diesem Grund sprach er ihn an. Smith fragte den Mann weiter aus und gelangte zu dem Schluß, daß es sich um einen Quastenflosser handeln mußte, darüber hinaus konnte er jedoch nichts in Erfahrung bringen. Er versuchte, eine aktuelle Zeitung aufzutreiben, oder jemanden, der ebenfalls die Nachrichten im Radio gehört hatte, aber erst als er eine Woche später in die Zivilisation zurückkehrte, bestätigte sich die Meldung: Die Franzosen hatten in den Komoren einen eigenen Quastenflosser gefangen.

»Ich werde immer an das Gefühl unbeschreiblicher Erleichterung zurückdenken, das mir diese Nachricht gab. Es war, als sei eine zermalmende Last von mir genommen«, schrieb er in *Vergangenheit steigt aus dem Meer.* »So war es also die richtige Stelle, sie waren dort! Ich konnte das Ende dieser großen Anspannung sehen, ich konnte meinen *Malania* behalten, und es würde nur noch eine Frage der Zeit sein, daß all die großen Spezialisten miteinander die Geheimnisse des Lebens der vergangenen Zeiten aus den Geweben und dem Körperbau frischer Coelacanthiden enthüllten.« Smith sandte sofort ein Glückwunschtelegramm an Millot.

Damit hatte sich nach Ansicht Smiths, die er mit den meisten Leuten teilte, bestätigt, daß die kleinen Vulkaninseln am westlichen Rand des Indischen Ozeans die Heimat des Quastenflossers waren: Er war am Ziel seiner vierzehn Jahre währenden Suche angelangt. Damals bedachte allerdings niemand, daß die Komoren relativ junge Inseln waren: Mayotte, die älteste, war erst vor fünfeinhalb Millionen Jahren aus dem Meer aufgetaucht, Grande Comore sogar erst vor 130 000 Jahren.

Das Jahr 1954 brachte den Franzosen eine Rekordernte an Quastenflossern ein. Ihr zweites Exemplar – das vierte offiziell registrierte – wurde in der Nähe des Dorfes Iconi auf Grande Comore gefangen, was darauf schließen ließ, daß die Quastenflosser in den Küstengewässern von mindestens zwei der vier Inseln des Archipels lebten. Der Fang des Fisches am 29. Januar löste große Eile bei der Konservierung und dem Transport aus. »Es war ungeheuer aufregend, ihn so schnell wie möglich zu konservieren, eine Kiste zu bauen und ein Spezialflugzeug aus Madagaskar anzufordern«, schrieb ein Reporter der Zeitschrift *Colliers*. »Wir waren um vier Uhr nachmittags gerade damit fertig, müde, aber stolz, als ein Mann mit einem noch größeren Quastenflosser hereinstolperte«, erinnerte sich Maurice Rex,

Verwaltungsbeamter auf Grand Comore. Exemplar Nummer fünf, das in der Nähe des Dörfchens Mandzissani gefangen worden war, wurde verpackt und zusammen mit Nummer vier an Millot nach Madagaskar geschickt.

Plötzlich herrschte kein Mangel mehr an Quastenflossern zum Sezieren. Bis zu diesem Zeitpunkt hatte es keine Photographien von Quastenflossern gegeben, die nicht beschädigt waren und bereits verfaulten oder ausgestopft, steif und bräunlich verfärbt waren. Zum ersten Mal sah Millot mit eigenen Augen jenes Wesen, das Marjorie Courtenay-Latimer als »wunderschönen Fisch« bezeichnet hatte. Er und sein Assistent Jean Anthony (ein schüchterner Mann, dessen Fachgebiet vergleichende Anatomie war) steckten bald bis zu den Ellbogen in den Eingeweiden der Quastenflosser. Sie begannen mit der Arbeit an einem Buch, aus dem schließlich das dreibändige, reich illustrierte Werk *L'Anatomie de Latimeria* wurde – die maßgebliche Studie über die Anatomie des Quastenflossers und wahrscheinlich eine der ausführlichsten Untersuchungen über einen Fisch, die jemals durchgeführt wurde und zu deren Fertigstellung sie achtzehn Jahre brauchen sollten.

Zu dem Zeitpunkt, als Millot sich an die Arbeit machte, war bereits viel über die äußeren Merkmale des Quastenflossers geschrieben worden, hauptsächlich von Smith in seiner ausführlichen Monographie über *Latimeria.* Für die Öffentlichkeit waren seine harten, gesprenkelten Schuppen ein vertrauter Anblick, ebenso das breite Maul mit den wulstigen Lippen und die großen Augen. Besondere Beachtung hatte das Skelett der gliedmaßenähnlichen Flossen gefunden, die eine unverkennbare Ähnlichkeit mit den Gliedmaßen früher Vierfüßer aufwiesen, und der ungewöhnliche gelappte Schwanz, offenbar ein Körperfortsatz, mit seinem kleinen »hundeschwanzartigen« Auswuchs. Der vollständig erhaltene Quastenflosser erlaubte es Millot und seinem Team, nun ausführlich die Vorgänge im Körper dieses Relikts aus vergangenen Zeiten zu erforschen.

Einige seiner Merkmale zeigten eine auffällige Ähnlichkeit mit denen lebender Vierfüßer: Man stellte fest, daß das Innenohr des Quastenflossers mehr gemeinsame Merkmale mit Fröschen als mit Fischen aufwies, seine Kiemen sahen aus wie Kiefer, die Kiemenrechen ähnelten Zähnen, und in seinem Blut fand man große rote Blutkörperchen, die denen von Amphibien und Lungenfischen glichen. All diese Untersuchungsergebnisse bestätigten die nahe Verwandtschaft des Quastenflossers mit dem ersten Fisch, der aus dem Wasser gekrochen und zum Begründer des großen Tierreiches auf dem Land geworden war.

Es gab allerdings auch Befunde, die für kurze Zeit auf eine Verwandtschaft mit Haien, die zu den primitivsten Fischen zählen, hinzuweisen schienen. So wurde beispielsweise im Blut des Quastenflossers wie bei Haien ein hoher Harnstoffgehalt nachgewiesen. Anstelle eines Rückgrats oder von Rippen hat er eine von Knorpelringen umhüllte Chorda dorsalis – eine hohle Wirbelsäule also –, deren Aufbau den Knorpelscheiben der Haie ähnelt. Die Chorda dorsalis des Quastenflossers ist mit einer ungewöhnlichen öligen Flüssigkeit gefüllt. Das Herz hat eine symmetrische V-Form und gleicht sowohl dem von Haien als auch dem der meisten Wirbeltierembryonen, und im großen Magen des Quastenflossers fand Millot eine Spiralklappe, die auch für Haie charakteristisch ist und es ihnen erlaubt, ihre Nahrung sehr langsam und vollständig zu verdauen. Sie vermochten, längere Zeit ohne Nahrungsaufnahme auszukommen, und hatten sich auf diese Weise dem Leben in nahrungsarmen Gegenden angepaßt.

Die außergewöhnliche Anpassungsfähigkeit an die Umgebung ist bei einem so erfolgreichen Überlebenskünstler wie dem Quastenflosser allerdings nicht weiter verwunderlich. Sein Stoffwechsel arbeitet sehr langsam, das heißt, daß er bei Nahrungsknappheit Energie speichern kann. Außerdem ist sein Kiemenbereich sehr klein – kleiner als bei jedem anderen Fisch vergleichbarer Größe und nur ein Hundertstel so groß wie bei einem Thunfisch –, so daß er nur sehr langsam Sauerstoff aufnimmt und deshalb gut in tieferen, kälteren Meereszonen leben kann, wo das Wasser eine höhere Sauerstoffkonzentration aufweist und wo er gleichzeitig auf weniger Räuber und Konkurrenz um die verfügbare Beute trifft. Die röhrenförmige Schwimmblase des Quastenflossers ist mit Öl und anderen inkompressiblen Körperflüssigkeiten gefüllt (anders als die hohlen, gasgefüllten Organe der Knochenfische), was den Auftrieb vermindert und es ihm erlaubt, mühelos in großen Tiefen dahinzugleiten, ohne sich bewegen zu müssen und dadurch Energie zu verbrauchen. Hinter der Netzhaut des Auges liegt eine reflektierende Schicht, so daß er, wie Katzen, auch im Dämmerlicht noch gut sehen kann (andererseits aber im hellen Licht erblindet, da das Auge kein Melanin enthält). Die komorischen Fischer sagen, daß die Augen der Quastenflosser leuchten wie »Lichter oder glühende Kohlen«.

Einige der Merkmale des Quastenflossers gelten als einzigartig bei allen lebenden Geschöpfen. Sein Gehirn, das primitiv und sehr klein ist – ungefähr von der Größe einer Weintraube –, macht etwa $^{1}/_{15\,000}$stel des Körpergewichts des ausgewachsenen Fisches aus und nimmt weniger als $^{1}/_{150}$stel der Schädelkammer ein. Es liegt hinter einem scharnierartigen Intercranialgelenk, das die Geruchsorgane und das Auge vom Ohr und vom Gehirn trennt. Man nimmt an, daß es sich bei diesem Gelenk um eine urzeitliche Form handelt und daß es dem Fisch erlaubt, beim Beutefang die Kiefer weit zu öffnen, um die Kraft des Bisses zu erhöhen. Ungewöhnlich sind auch die sechs mit Gallerte gefüllten Hohlräume in der Schnauze des Fisches. Die Wissenschaftler haben dieses Sinnesorgan »Rostralorgan« getauft und vermuten, daß es sich um ein höchst kompliziertes elektro-sensorisches System handelt, mit dessen Hilfe der Fisch Beute aufspüren kann.

Die Befunde über das Innere des Fisches schienen in ganz verschiedene Richtungen zu weisen. Ein Teil der Anziehungskraft des Quastenflossers beruhte zweifellos auf der oft beschriebenen Nähe zum Hauptstamm des evolutionären Stammbaums. Millot und sein Team hatten gehofft, die Untersuchungen an einem modernen Abkömmling würden zur Klärung der anhaltenden und oftmals heftig geführten Debatte beitragen, welcher der quastenflossigen *Sarcopterygier* als erster aus dem Wasser gekrochen war und sich an Land angesiedelt hatte. Mit ihren ersten Ergebnissen bewegten sie sich jedoch im Kreis, und auch nach jahrelanger Forschung war das fehlende Glied zwischen Meeres- und Landbewohnern immer noch nicht entdeckt.

Der Lungenfisch hatte zu den frühesten Anwärtern gehört. Das erste lebende Exemplar war von dem Wiener Naturforscher Johann Natterer im Amazonas gefunden worden. Nachdem er achtzehn Jahre lang Brasilien bereist hatte, kehrte er im Jahr 1836 nach Europa zurück und brachte eine riesige Sammlung exotischer Tiere mit, die den Bestand des Naturhistorischen Museums in Wien auf das Sechsfache vergrößerte. Seine wichtigste Entdeckung war ein fischähnliches Lebewesen, etwa sechzig Zentimeter groß und von der Form eines Aals, das sowohl Kiemen als auch voll funktionsfähige Lungen besaß. Die Einheimischen nannten es *caramuru*, und Natterer prägte die wissenschaftliche Bezeichnung *Lepidosiren*. In einer kurz nach seiner Rückkehr veröffentlichten Monographie schrieb er, es handele sich um »eine neue Spezies aus der Familie der fischähnlichen Reptilien (Ichthyodea). Es weicht in allen charakteristischen Merkmalen so deutlich von anderen Vertretern dieser Gruppe ab und weist in seiner äußeren Erscheinung eine so große Ähnlichkeit mit einem Fisch auf, daß selbst der erfahrenste Naturforscher in die Irre geleitet werden kann.« Im Lauf der Zeit würde sich zeigen, daß es Natterer selbst war, der in die Irre geleitet worden war.

Ein Jahr später brachte der Engländer Thomas Weir von einer Reise an den Gambia in Westafrika einen ähnlichen Lungenfisch mit, zusammen mit einem weiteren, mumifizierten Exemplar, das in einer ausgetrockneten Lehmschicht eingeschlossen gewesen war. Bei der einheimischen Bevölkerung war dieser Lungenfisch als *comtok* bekannt, und er erhielt die wissenschaftliche Bezeichnung *Protopterus*. Sehr bald fand man heraus, daß sich beide Arten während der Trockenperiode zusammenrollen und in runden Schlammplatten übersommern und erst wieder aufwachen, wenn die Regenzeit einsetzt und ihre Schlammnester aufweichen.

Anders als später beim Quastenflosser war damals über Fossilien von Lungenfischen nicht sehr viel bekannt, deshalb betrachtete man es weniger als überraschende Wiederkehr, sondern eher wie einen Blitz aus heiterem Himmel, als lebende Exemplare auftauchten. Natterers erste Monographie hatte unter Wissenschaftlern eine heftige Debatte darüber ausgelöst, was sie denn nun genau waren: Fische oder Amphibien? Den Worten eines Wissenschaftlers zufolge hatte diese Frage »die Taxonomen in die größte Verlegenheit gebracht«. Nach den meisten Klassifikationen hatten Fische Schuppen und Kiemen, während Amphibien – die eine nackte Haut hatten – atmen konnten. Worum handelte es sich dann aber bei *Protopterus* und *Lepidosiren*, die sowohl Schuppen und Kiemen als auch Lungen hatten?

Im Widerspruch zu Natterers ursprünglicher Bestimmung war die Mehrheit der Ansicht, es handele sich um atmende Fische (und nicht um geschuppte Amphibien), die möglicherweise mit den ersten Tetrapoden verwandt waren. Wie ließ es sich aber erklären, daß sie eindeutig keine laufenden Fische waren, da keines der Exemplare nennenswerte Flossen aufwies – nur dünne, fadenähnliche Fortsätze –, und daß sie sich wie Aale durch Krümmen des ganzen Körpers im Wasser fortbewegten? Die Wissenschaftler, allen voran Darwin und Wallace, waren davon überzeugt, daß die echten Vorfahren der Landbewohner sowohl atmen konnten als auch Beine besaßen, um sich auf Land fortzubewegen. Der Lungenfisch erfüllte das erste Kriterium, aber offenbar nicht einmal ansatzweise das zweite. Bis zu diesem Zeitpunkt (vor 1839, als die ersten Fossilien von Quastenflossern gefunden wurden), hatte man noch keine Fossilien gefunden, die auf die Existenz eines Fisches mit gliedmaßenähnlichen Flossen hinwiesen. Zur Ergänzung dieses »Missing link« hatte der Anatom Karl Gegenbaur eine solche Flosse mit der »Anlage zu Beinen« erfunden – seine Studenten tauften die Schöpfung *Archipterygium gegenbauri* (Gegenbaurs archaische Flosse) –, für die sich, wie er prophezeite, eines Tages der Beweis in Form eines fischähnlichen Lebewesens mit der Fähigkeit, Luft zu atmen, finden würde.

Im Jahr 1869 zog ein australischer Landarbeiter namens William Forster von der Farm seines Cousins in der Nähe des Burnett River in Queensland nach Sydney. Kurz nach seiner Ankunft in der Stadt besuchte er das Sydney Museum, wo er mit Gerard Krefft, dem Museumsleiter, über die ungewöhnliche Tierwelt Australiens ins Gespräch kam. Forster fragte, warum in der Ausstellung jener seltsame Fisch fehle, der im Burnett River lebe. Dieser Fisch war, wie Forster erklärte, bei den Einheimischen als Burnettlachs bekannt. Krefft zeigte sich sehr interessiert und bat ihn, den Fisch genauer zu beschreiben. Forster sagte, er sei etwa eineinhalb Meter groß, rund wie ein fetter Aal, mit großen grünlichen Schuppen und vier kräftigen Flossen. Krefft erwiderte, er habe noch niemals von einem solchen Fisch gehört und würde sehr gern einen sehen. Forster versprach, an seinen Cousin zu schreiben und ihn zu bitten, dem Museum einen Burnettlachs zu schicken.

Einige Wochen später erhielt Krefft einen großen Behälter mit mehreren Exemplaren, die mit einer großen Menge Salz konserviert waren, um sie vor dem Verderben zu bewahren. Er nahm einen der eineinhalb Meter großen Fische heraus, um ihn zu untersuchen. Forster hatte ihm eine ziemlich präzise Beschreibung gegeben: Krefft erkannte die Schuppen und die vier ungewöhnlichen Flossen, die eher an Paddel erinnerten. Am meisten verblüffte ihn der Schwanz, der sich von den Schwänzen aller anderen Fische, die er kannte, deutlich unterschied: Er sah vielmehr wie die mit einem Flossensaum besetzte Verlängerung des Körpers aus. Aber die eigentliche Überraschung erwartete ihn, als er vorsichtig das Maul des Fisches öffnete, um sich die Zähne anzusehen. Mit einem Blick erkannte er, daß die vier großen Zähne, die wie ein Hahnenkamm miteinander verbunden waren, auffällig den fossilen Überresten von Zähnen ähnelten, die man in uralten Gesteinsablagerungen gefunden hatte. Kein Fisch hatte seines Wissens nach derartige Zähne. Es lagen keine Erkenntnisse vor, wie das urzeitliche Geschöpf, dem diese Zähne gehörten, ausgesehen haben mochte. Der Paläontologe James Parkinson hatte sogar behauptet, daß sie der »gezahnte Rand des Brustbeins« einer Schildkröte seien. Louis Agassiz – derselbe Agassiz, von dem die Bezeichnung für die ersten Quastenflosser-Fossilien stammte – hatte die Besitzer dieser Zähne *Ceratodus* (Hornzähner) getauft.

Krefft durchforstete die Archive nach weiteren Anhaltspunkten und war erstaunt über das, was er herausfand. Nirgends wurde ein Fisch erwähnt, auf dessen Flossen die Beschreibung der Flossen des Burnettlachses gepaßt hätte – die einzigen, die ihnen ähnelten, waren die imaginären archaischen Flossen Gegenbaurs. Konnte der Fisch, der da vor ihm auf dem Seziertisch lag, möglicherweise das fehlende Glied sein und darüber hinaus tatsächlich noch immer existieren? Voller Aufregung fuhr Krefft mit dem Sezieren fort und stellte zu seiner großen Freude fest, daß der sogenannte Lachs neben Kiemen auch eine einzelne Lunge besaß. Er gelangte zu der Überzeugung, daß er durch Zufall auf den echten primitiven Lungenfisch gestoßen war, einen Vorfahren von *Protopterus* und *Lepidosiren* und wahrscheinlich der gesamten Menschheit. Er nannte ihn *Ceratodus forsteri*. Als später ein vollständig erhaltenes Fossil gefunden wurde, das genau mit dem *Ceratodus* von Agassiz übereinstimmte, aber geringe Unterschiede zum modernen Burnettlachs aufwies, wurde der Name in *Neoceratodus* (neuer *Ceratodus*) geändert.

Lange Zeit war *Neoceratodus* eine zoologische Sensation. Er bedeutete für das 19. Jahrhundert, was *Latimeria* für das 20. Jahrhundert war, und wurde ebenfalls zum Gegenstand ausführ licher Sektionen, Untersuchungen und Diskussionen. Ernst Haeckel, Nachfolger Darwins als »bedeutendster lebender Zoologe«, zeigte großes Interesse für den australischen Lungenfisch und beschloß, sich der Erforschung seiner Ontogenese zu widmen. Die Theorie der Ontogenese erfreute sich damals großer Beliebtheit: sie besagte, daß ein Embryo während seiner Entwicklung von der Befruchtung bis zur Geburt in einer Art Zeitraffer alle Erscheinungsformen seiner Vorfahren durchläuft – so wie vor dem geistigen Auge eines Ertrinkenden sein ganzes Leben vorbeizieht. Falls diese Theorie recht hat – in letzter Zeit hat sie viel von ihrer Glaubwürdigkeit verloren –, können Untersuchungen über die Entwicklung jedes beliebigen Embryos herangezogen werden, um dessen Abstammung zu erklären. Eine menschliche Eizelle beispielsweise weist kurz nach der Befruchtung die primitiven Merkmale eines Fisches auf, und während der neunmonatigen Reifezeit ähnelt der menschliche Embryo der Reihe nach einem Amphibium, einem Reptil und einem Affen, bevor er die hochentwickelten Sinnesorgane eines Menschen ausbildet.

Haeckel, ein beeindruckender, gelehrter und vielfach geehrter Mann (Ende des 19. Jahrhunderts lautete sein Titel Seine Exzellenz, Geheimrat Professor Dr. Ernst von Haeckel), war von der Ontogenese geradezu besessen. Jahrzehntelang ließ man in allen Schulen Europas seinen berühmten Grundsatz: »Die Ontogenese ist eine Wiederholung der Phylogenese« – die Entwicklung des Einzelwesens ahmt die Stammesentwicklung nach – so oft wiederholen, bis sie sich ihnen unauslöschlich in den Köpfen eingeprägt hatte. Er schickte Professor Richard Semon, einen seiner Schüler, nach Australien, um die Ontogenese von *Neoceratodus* detailliert zu erforschen. Semon beabsichtigte, mehrere hundert Eier von Lungenfischen zu sammeln und den gesamten Entwicklungsprozeß sorgfältig zu überwachen. 1891 kam er in Australien an, schlug sein Lager an einer entlegenen Stelle flußaufwärts am Burnett River auf und heuerte einige Aborigines – die den Fisch unter dem Namen *dyelleh* kannten – zum Einsammeln der Eier an. Sehr bald stieß er auf einen großen weiblichen Lungenfisch und beschloß abzuwarten, bis dieser laichte. Richard Semon hatte herausgefunden, daß der Fisch seinen Laich an den Stengeln von Wasserpflanzen ablegte, und als die ersten Eier gefunden wurden, schickte er seine Helfer los, um jede einzelne Pflanze im Fluß abzusuchen. Einige Tage lang lieferten die Aborigines Eier ab. Sorgfältig markierte Semon jedes Ei, und in regelmäßigen Abständen brach er eines auf und konservierte es in Alkohol. Sein Ziel war es, Präparate der Embryonen des Lungenfisches in jedem einzelnen Entwicklungstadium herzustellen. Nach kurzer Zeit blieb jedoch der Nachschub aus. Es waren nirgendwo mehr Eier zu entdecken. Semon fand bald den Grund heraus: Obwohl er es strengstens untersagt hatte, hatten die Aborigines das Lungenfischweibchen gefangen und gegessen. Mit Entsetzen wurde ihm klar, daß er ein ganzes Jahr bis zur nächsten Laichzeit warten und dann das ganze Unternehmen unter denselben schwierigen Bedingungen wiederholen mußte.

Im darauffolgenden Jahr hatte Semon mehr Erfolg. Er heuerte andere Aborigines an, die sich genau an seine Anweisungen hielten, vor allem, nachdem er eine Belohnung von fünfundzwanzig Dollar für die Ablieferung der ersten Eier ausgesetzt hatte. In diesem Jahr wurden siebenhundert Eier eingesammelt, entsprechend markiert und präpariert. Semon kehrte nach Deutschland zurück, um seine Beobachtungen auszuwerten und sie in einem umfangreichen Bericht zusammenzufassen. Er hatte unter anderem herausgefunden, daß *Neoceratodus* keinen Sommerschlaf hält (sich also nicht während der Sommermonate in Schlamm eingräbt) wie seine afrikanischen und südamerikanischen Verwandten und daß die einzelne Lunge nicht ausreicht, um auf dem trockenen Land zu überleben. Er entdeckte jedoch, daß *Neoceratodus* – wie seine Verwandten *Lepidosiren* und *Protopterus* – innere Nasenöffnungen besitzt, die ihm, solange es feucht genug ist, helfen, in der Trockenzeit zu überleben, wenn andere Fische zugrunde gehen. Semon machte die Beobachtung, daß der Fisch sogar im frischen Süßwasser ungefähr jede Stunde einmal an die Oberfläche kam, um nach Luft zu schnappen.

Was die seltsamen, gliedmaßenähnlichen Flossen anbelangte, so waren sie nicht kräftig genug, um *Neoceratodus* auf dem Land zu tragen, obwohl er sie im Wasser wie Beine benutzte. Die wichtigste Erkenntnis, die Semon durch das Studium der Ontogenese des australischen Lungenfisches gewann, war, daß er nicht, wie man ursprünglich angenommen hatte, ein direkter Vorfahr der Amphibien war, sondern eher ein Vetter ersten Grades. Die Entdeckung des ersten gehenden Fisches stand also noch immer aus.

Es ist ein schwieriges Unterfangen, die genetische Verwandtschaft zwischen verschiedenen Lebewesen zu bestimmen, und Wissenschaftler entwickeln zu diesem Zweck unermüdlich neue Methoden. In seinem Buch *Der Quastenflosser – Ein lebendes Fossil und seine Entdeckung* berichtet der Biologe Keith Thomson von einem Rätsel, das Zoologen bei einer Tagung in Reading gestellt wurde. Sie wurden gefragt, welche beiden der folgenden drei Tiere am nächsten miteinander verwandt seien: Lachs, Lungenfisch und Kuh (man hätte anstelle des Lungenfisches ohne weiteres auch den Quastenflosser nennen können). Für Laien scheint die Antwort auf der Hand zu liegen: die beiden Fische. Nicht jedoch für Zoologen. Für sie ist klar, daß es der Lungenfisch und die Kuh sind, da sie zu einer ähnlichen Abstammungslinie gehören und daher einen jüngeren gemeinsamen Vorfahren haben: Der Lungenfisch ist zumindest ein Vetter der Vierfüßer (wenn auch oft nur ein entfernter), während der Lachs, dessen Linie wesentlich früher abzweigte, nur ein Vetter der gesamten Gruppe ist. Zur Erläuterung verwendet Thomson einen Vergleich: Welche beiden der folgenden drei Personen – Königin Elisabeth II., Kaiser Wilhelm II. und Margaret Thatcher – sind am nächsten miteinander verwandt? Obwohl die Königin und die frühere Premierministerin beide weiblichen Geschlechts und britischer Abstammung sind und im ausgehenden 20. Jahrhundert an der Spitze eines Staates stehen bzw. standen, ist die Königin eindeutig enger mit dem Kaiser verwandt, da beide Nachfahren von Königin Victoria sind. Thomsons Beispiel macht deutlich, daß man nicht nur auf das äußere Erscheinungsbild achten darf, wenn man die Verwandtschaftsbeziehungen zwischen Organismen entschlüsseln will, sondern auch die Abstammung und gemeinsame charakteristische Merkmale berücksichtigen muß. Die Merkmale der Probanden sind jedoch wiederum komplex und stehen oftmals in Widerspruch zueinander.

Die Untersuchung der gemeinsamen Merkmale des australischen Lungenfisches, des Quastenflossers, eines Amphibiums, beispielsweise eines Wassermolches, und eines gewöhnlichen Strahlenflossers wie dem Lachs ergab eindeutig, daß der Lungenfisch die meisten Gemeinsamkeiten mit dem Molch hatte, der Strahlenflosser dagegen die wenigsten. Der Quastenflosser lag irgendwo in der Mitte – er besaß genügend Merkmale des Molches, wie die Gliedmaßen, das Innenohr und die Kiemen, um zu zeigen, daß eine Verwandtschaft zwischen beiden bestand, aber nicht genug, die darauf hingedeutet hätten, daß es sich um eine sehr enge Verwandtschaft handelte.

Die drei urzeitlichen Fleischflosser – die fossilen Quastenflosser, die mittlerweile ausgestorbenen Rhipidistier und die primordialen Lungenfische – wiesen gemeinsame Merkmale auf, und zwar sowohl innerhalb der Gruppe als auch mit den Fossilien früher Amphibien wie *Ichthyostega.* Besonders auffällig waren die Struktur des Schädels und die paarigen Flossen. Die Rekonstruktionen von Fossilien lassen erkennen, daß die Rhipidistier wie eine langgestreckte, schlankere und kleinere Version des heutigen Quastenflossers aussahen, mit der gleichen kräftigen Chorda dorsalis und den gleichen fleischigen Flossen. Da die jüngsten Fossilien von Rhipidistiern aus dem frühen Perm stammen, nimmt man an, daß sie vor etwa dreihundert Millionen Jahren ausgestorben sind (obwohl man nach der überraschenden »Wiederkehr« des Quastenflossers, von dem man ebenfalls annahm, er sei seit Millionen von Jahren ausgestorben, vorsichtig bei der Ausstellung eines offiziellen Totenscheins sein sollte).

Seit im neunzehnten Jahrhundert die Fossilien dieser drei Lebewesen gefunden wurden, haben die Wissenschaftler immer wieder Diskussionen über die genetische Verwandtschaft zwischen den verschiedenen Fleischflossern geführt, wobei jeder darum kämpfte, daß sein Favorit als wahrer Vorfahre des Menschen anerkannt wurde. In der ersten Hälfte des zwanzigsten Jahrhunderts stand eine Zeitlang der Quastenflosser hoch im Kurs. Er wurde vom Lungenfisch abgelöst, dieser vom Rhipidistier, und schließlich kam man wieder auf den Quastenflosser zurück. Selbst heute, mehr als sechzig Jahre nach Entdeckung des ersten Quastenflossers, ist man noch zu keiner klaren Entscheidung gelangt. Es sieht so aus, als ob die Diskussionen weiter andauern werden. Die neueste Theorie besagt, daß der Quastenflosser ein »Vetter« des ersten Vierfüßers ist, der Lungenfisch dagegen eine »Schwester«, aber auch dafür gibt es keine Beweise. Nicht einmal die direkten Vergleiche der genetischen Codes der modernen Nachfahren mit Hilfe von DNA-Analysen erbrachten eindeutige Resultate. Die Ergebnisse, zu denen man in jüngster Zeit gelangt ist, zeigen, daß die Chromosomen des Quastenflossers eine auffällige Ähnlichkeit mit denen primitiver Frösche aufweisen und daß die Fleischflosser eindeutig mit den Vierfüßern verwandt sind; es gibt jedoch keinen Nachweis, daß innerhalb dieser Gruppe einer näher mit ihnen verwandt ist als die anderen.

Millot und Anthony hatten in den fünfziger und sechziger Jahren noch nicht die Möglichkeit, DNA-Tests durchführen. Obwohl ihre Untersuchungen zu zahlreichen neuen Erkenntnissen führten, konnten sie viele der Rätsel, die ihnen der Quastenflosser aufgab, nicht lösen. Abgesehen von der schwierigen Frage, welchen Platz der Quastenflosser im evolutionären Stammbaum genau einnahm, fanden sie auch keine Antwort auf so grundsätzliche Fragen wie die nach der Art seiner Fortpflanzung. Ein Fossil ließ die schwachen Abdrücke winziger Jungen in einem erwachsenen Fisch erkennen. Dies galt als Beweis dafür, daß die Quastenflosser lebende Junge gebären – voll entwickelte kleine Quastenflosser anstelle von Eiern. (Was auf eine hohe Entwicklungsstufe hindeutet – nur fünf Prozent aller Fische sind wie die Säugetiere lebendgebärend: Ein Kabeljauweibchen beispielsweise legt bis zu einer Million Eier, die mit der Strömung verdriftet werden und von denen nur relativ wenige befruchtet werden, während der Lungenfisch wie die meisten Amphibien große Eier mit Dottern in Nestern ablegt, in denen sie vor Räubern geschützt sind.) 1955 und nochmals fünf Jahre später wurde diese Theorie über den Haufen geworfen, als Millot die ersten Quastenflosserweibchen sezierte und feststellte, daß sie, wiederum wie Haie, große, membranumhüllte Eier in sich trugen – sie waren so groß wie Grapefruits und damit die größten bekannten Fischeier. War der Quastenflosser also vielleicht doch nicht ovovivipar (lebendgebärend), sondern ovipar (eierlegend)?

Nach jahrelangen eingehenden Studien hatten Millot und Anthony viele Informationen über den Quastenflosser gesammelt. Statt schlichte Antworten zu liefern, warf ihre Arbeit jedoch immer wieder neue Fragen auf. Der Quastenflosser war nicht einfach der Schlüssel zur Vergangenheit, und die Tür zu seinen Vorfahren ließ sich nicht ohne weiteres durch die Untersuchung seiner Anatomie öffnen. Es war offensichtlich, daß sie mit dem Coelacanthus einen Fisch vor sich hatten, der eine einzigartige Kombination verschiedener Merkmale aufwies, von denen er einige mit Amphibien teilte, andere mit Fischen, und der über Millionen von Jahren hinweg unterschiedliche Formen der Anpassung an evolutionäre Gegebenheiten entwickelt hatte. Ebenso interessant wie die Frage, was er mit urzeitlichen Lebewesen gemeinsam hatte, war die Frage, wie er es geschafft hatte, so lange zu überleben, während viele andere Lebewesen ausgestorben waren: wie er es geschafft hatte, ein lebendes Fossil zu werden.

Als Millot und seine Mitarbeiter sich daranmachten, der Welt die inneren Geheimnisse des Quastenflossers zu enthüllen, fanden sie keinen Bauplan unseres urzeitlichen Vorfahren, sondern eine verwirrende Vielzahl von Merkmalen. Sie gelangten bald zu dem Schluß, daß sie es nicht mit einem urzeitlichen Fossil zu tun hatten, sondern mit einem neuzeitlichen Fisch, der aufgrund seiner Anpassungsfähigkeit vierhundert Millionen Jahre lang überlebt hatte, während sich seine Umwelt – die Meere und die Kontinente – so stark verändert hatte, daß ihr ursprüngliches Erscheinungsbild nicht mehr zu erkennen war. Wenige Lebewesen hatten länger existiert, als ein Flossenschlag des Quastenflossers dauerte – selbst der Indische Ozean war erst mehr als hundert Millionen Jahre nachdem der Quastenflosser in primordialen Gewässern umhergeschwommen war, entstanden. Der Fisch, der vor Millot auf dem Seziertisch lag, war nicht nur als geheimnisvolles Bindeglied zu unserer fernen Vergangenheit interessant.

Le poisson vivant

Auf der Suche nach einem lebenden Fisch

Schon bald war Millot klar geworden, daß er den Quastenflosser in seiner natürlichen Umgebung beobachten mußte, wenn er Erkenntnisse darüber gewinnen wollte, warum und wie der Quastenflosser überlebt hatte, während die meisten anderen Arten ausgestorben waren. Es war eine Sache, die gliedmaßenähnlichen Flossen vor sich liegen zu haben und die Muskulatur zu untersuchen – aber es war etwas ganz anderes, zu sehen, wie sie gebraucht wurden. Für die Wissenschaft war es unerläßlich, in den Besitz eines lebenden Quastenflossers zu kommen.

Das war kein ganz einfaches Unterfangen. 1954 folgte der berühmte Jacques Yves Cousteau einer Einladung auf die Komoren, um mit seinem ebenso berühmten Schiff, der *Calypso*, moderne Tiefseetauchmethoden in den Gewässern der Komoren zu erproben. Unter der Leitung von Millot machte er eine ganze Reihe von Unterwasseraufnahmen in Gebieten, in denen man Höhlen des Quastenflossers vermutete. Aber Cousteaus legendärer gallischer Charme versagte bei dem Versuch, den Quastenflosser aus seinem maritimen Versteck zu locken.*

Millot wandte sich an die einheimischen Fischer. Komorer fischen in schmalen, bananenförmigen Kanus, die aus den Stämmen der Kapokbäume gehauen werden. Ein solcher *galawa*

* Auch mit zwei weiteren Versuchen 1963 und 1968 hatte Cousteau keinen Erfolg, und es gelang ihm nie, einen Quastenflosser zu filmen.

ist nicht viel größer als ein Quastenflosser, und daher tötete ein Fischer, der einen Quastenflosser gefangen hatte, diesen sofort mit einem Schlag auf den Kopf oder er schnitt ihm die Kehle durch, damit er sich nicht wehren konnte, und hievte ihn dann in das Boot. Wenn der Fischer seinen wertvollen Fang im Wasser ließ und versuchte, ihn hinter dem Boot her an Land zu schleppen, könnte ihn ein Hai oder ein Barrakuda schnappen, und er würde dann sowohl den Fisch als auch die Belohnung verlieren. Um den Fang eines lebenden Exemplars attraktiver zu machen, verdoppelte Millot die Belohnung. Er machte sich auch an den Entwurf eines geeigneten Behältnisses für den gefangenen Fisch.

Die Belohnung war hoch genug, um einen Ansporn für die Fischer darzustellen, auch wenn sie zunächst erfolglos waren. Eines frühen Morgens wurde Dr. Guy Arzel, der damals das Krankenhaus auf Grande Comore leitete, von einem Klopfen an seiner Tür geweckt. Als er sie öffnete, stand ein Fischer mit einem blutenden Coelaclanthus in den Armen vor ihm. Er bat den Arzt inständig, das Leben des Fisches zu retten – er hatte ihn erst kurz zuvor gefangen, erklärte er, und als er ihn aus den blauen Tiefen auftauchen sah und erkannte, daß es ein *gombessa* war, beschloß er, den Fisch lebend an die Küste zu bringen und die hohe Belohnung einzufordern. Als er aber den Fisch an die Wasseroberfläche gezogen hatte, verließ ihn plötzlich sein Mut und vor Schreck schlug er mehrmals mit einem Knüppel auf den Kopf des Fisches ein. Jetzt hatte er ihn in der Hoffnung, Dr. Arzel könne ihn wieder zum Leben erwecken, zum Krankenhaus gebracht. Leider überstieg das die Macht des französischen Arztes. Er legte den Fisch auf den Operationstisch, wußte aber nicht, was er mit ihm anstellen sollte, und so konnte er nur danebenstehen und zusehen, wie der schöne blaue Fisch langsam verblaßte und schließlich starb.

Kurze Zeit darauf hatte ein Fischer von Anjouan mehr

Glück. Am 12. November 1954 fing Zema ben Said um acht Uhr abends an der Nordwestküste von Anjouan einen Kilometer von Mutsamudu entfernt den achten Quastenflosser. Es war zwei Tage nach Vollmond, und das Meer war ruhig. Aus der Art, wie der Fisch den Köder schluckte, schloß der Fischer, daß es ein *gombessa* war, und nahm sich Zeit, um ihn vorsichtig mit der Hand aus einer Tiefe von 140 Faden (255 Metern) einzuholen. Nachdem er sich überzeugt hatte, daß es tatsächlich *le poisson* war, entschloß sich Zema, den Versuch zu wagen und sich die doppelte Belohnung zu sichern. Sanft zog er eine Schnur durch das Maul und die Kiemenöffnungen des Fisches und brachte ihn zu der Anlegestelle von Mutsamudu – wenn es auch manchmal eher der Fisch war, der das *galawa* zog.

Der Verwalter der Insel wurde umgehend benachrichtigt und ließ wie geplant in ein sieben Meter langes Walfängerboot am Ende der Anlegestelle Wasser laufen, indem man einen Stöpsel im Boden entfernte. Um neun Uhr dreißig war das behelfsmäßige Aquarium bereit. Man setzte den lebenden Quastenflosser hinein und bedeckte das Boot mit einem Netz, damit der Fisch nicht mehr entkommen konnte. Alle halbe Stunde brachte man das Boot zum Schaukeln, damit frisches Wasser hineinfloß. Zeugen berichteten, der Fisch sei von einem dunklen Graublau gewesen, der Farbe von gehärtetem Stahl, und habe leuchtend grüngelbe Augen gehabt.

Die ganze Nacht lang feierten die Bewohner von Mutsamudu den wertvollen Fang. Sie sangen und tanzten bis Tagesanbruch und machten immer wieder kleine Ausflüge zum Boot, um ihren kostbaren Fisch anzusehen. Der Quastenflosser schien zunächst verwirrt, verhielt sich ansonsten aber ruhig. Mit seltsam kreisenden Bewegungen seiner Brustflossen schwamm er langsam in seinem Gefängnis umher. Seine zweite Rückenflosse, die Schwanzflosse und den Schwanz gebrauchte er als

Ruder. Als die Sonne aufging, wurde er allerdings immer unruhiger, offensichtlich reagierte er empfindlich auf das Licht und die Hitze, da er versuchte, sich in der dunkelsten Ecke des behelfsmäßigen Käfigs zu verbergen. Man breitete mehrere Zeltplanen über das Boot, um den Fisch vor der Sonneneinwirkung zu schützen, aber es nützte nichts. Am frühen Nachmittag schwamm er mit dem Bauch nach oben, und seine Flossen und Kiemendeckel zuckten im Todeskampf.

Millot kam mit einem Sonderflug aus Tananarive und traf gerade rechtzeitig ein, um den letzten Atemzug des Quastenflossers zu sehen. Er holte ihn aus dem Wasser, wickelte ihn in ein Tuch und brachte ihn ins Krankenhaus, wo er offiziell für tot erklärt wurde – aber immerhin war er für eine wissenschaftliche Untersuchung perfekt erhalten. Zema erhielt die volle Belohnung.

»Es besteht kein Zweifel, daß der Tod aufgrund des Druckabfalls und des Temperaturanstiegs erfolgt ist«, schrieb Millot in seiner Darstellung der Ereignisse, die in *Nature* erschien. »Es bleibt festzustellen, daß *Latimeria*, der nach seinem Auftauchen an der Wasseroberfläche sehr unruhig erschien, sich nach ungefähr einer Stunde merklich erholt hatte und sich während der restlichen Nacht einigermaßen wohl zu fühlen schien. Erst bei Tagesanbruch begannen, entweder durch das Sonnenlicht oder die allmähliche Erwärmung des Wassers bedingt, die Qualen, die schließlich zum Tod des Fisches führten.« Millot schlug vor, daß beim nächsten Mal der Quastenflosser in einer Tiefe von 150 bis 200 Metern gefangengehalten und nur zur Beobachtung oder zum Photographieren an die Wasseroberfläche gebracht werden sollte.

Leider gab es kein nächstes Mal. Während Millots Regentschaft über den Komoren-Quastenflosser wurden wiederholt Anstrengungen unternommen, einen lebenden Quastenflosser zu fangen oder zu filmen, aber vergeblich. Zema ben Said sollte

der einzige komorische Fischer bleiben, der die Belohnung von zweihundert Pfund einfordern konnte.
Vier Jahre nach seinem aufregenden Flug auf die Komoren war J. L. B. Smith kaum mehr in Zusammenhang mit dem Quastenflosser in Erscheinung getreten. Seine Untersuchung des ersten Coelacanthen war zwar erstaunlich umfassend gewesen, wenn man bedenkt, daß die Weichteile gefehlt hatten, aber er war deshalb eben nicht imstande gewesen, einen wesentlichen Beitrag zur Erklärung der inneren Vorgänge des Fisches zu leisten. Nachdem die Franzosen ein eigenes Exemplar hatten, überließ Smith Millot und seinem Team die eingehenden anatomischen Untersuchungen und stellte den zweiten gefangenen Fisch der Ichthyologie-Abteilung für ihre Ausstellung zur Verfügung.

Aber er verlor nie mehr ganz die Vorstellung, daß er in gewisser Weise einen Anspruch auf dieses Lebewesen hatte, das schließlich er der Welt vorgestellt hatte. Gegen die Franzosen erhob er schwere Vorwürfe, weil er meinte, sie würden es an der nötigen Rücksicht gegenüber dem Quastenflosser fehlen lassen, und wählte dazu die vornehmste Arena. Am 4. Juni 1956 erschien auf der Leserbriefseite der Londoner *Times* folgender Brief:

Sir,

der anzunehmende tragische Verlust von Kapitän Eric Hunt bei einem Schiffsunglück nicht weit entfernt von dem Ort, an dem er 1952 zu Ruhm gelangte, als er von dem Fang des zweiten Quastenflossers auf den französischen Komoren berichtete, bringt mir gewaltsam wieder zu Bewußtsein, daß mehr als drei Jahre vergangen sind, seit bewiesen werden konnte, daß dieses in der Ichthyologie einzigartige Lebewesen dort überdauert hatte. Unter den gegebenen Umständen war es damals notwendig, für wissenschaftliche Zwecke nach vollständigen Exemplaren zu suchen, und man wird sich erinnern, daß nicht lange nach der Entdeckung des Fisches die Franzosen ausländischen Wissenschaftlern untersagten, in ihren Gewässern nach einem Quastenflosser zu suchen, und statt dessen vorschlugen, daß dies im Rahmen einer internationalen Expedition unter französischer Führung geschehen sollte.

Die Komoren sind ein einzigartiges Gebilde, mit ihren steilen Riffen, die jäh in die großen Tiefen des Ozeans abfallen. Alles spricht dafür, daß die dortige Coelacanthus-Population nicht sehr groß sein kann. Wenn dies nun, wie es sehr wahrscheinlich ist, die einzigen existierenden Coelacanthen sind, dann gibt es insgesamt vielleicht überhaupt nur ein paar Hundert dieser Fische. In den letzten drei Jahren haben die Franzosen zehn Exemplare gefangen, mehr als genug für eine umfassende wissenschaftliche Untersuchung. Weder die Wissenschaft noch die Welt verlangen nach noch mehr toten Coelacanthen.

Ich habe ein grundlegendes Interesse an diesem erstaunlichen Lebewesen, und die Situation, in der sich der Quastenflosser befindet, bereitet mir zunehmend Unbehagen. Wenn man in einem entlegenen Dschungel eine Horde Dinosaurier entdecken würde, würde die Welt mit Recht entsetzt darauf reagieren, daß man den Eingeborenen Belohnungen dafür zahlt, so viele dieser Tiere wie möglich abzuschlachten. Die Situation des Komoren-Quastenflosser ist in Wirklichkeit nicht besser, und durch die derzeitige Vorgehensweise wird eine einst wichtige wissenschaftliche Suche nach Erkenntnis zum sinnlosen Gemetzel an einem unserer kostbarsten Erbstücke in der Biologie.

Die Komoren gehören den Franzosen, aber der Quastenflosser gehört der Wissenschaft und der Menschheit. Die französischen, für wissenschaftliche Fragen zuständigen

Behörden tragen die größte Verantwortung in dieser Angelegenheit. Die Vorgehensweise, Eingeborenen für den Fang von Coelecanthen eine Belohnung zu zahlen, sollte sofort eingestellt und dahin gehend geändert werden, daß das Töten eines Fisches unter schwere Strafe gestellt wird.

Ich verbleibe Ihr
J. L. B. Smith

Die Antworten ließen nicht lange auf sich warten und fielen ungehalten aus. Gavin De Beer, Direktor des British Natural History Museum, war der erste, der sich einschaltete. Bereits einen Tag später wurde seine Antwort in der *Times* abgedruckt.

»Professor J. L. B. Smiths Brief des heutigen Tages beinhaltet eine ungerechtfertigte Kritik an den wissenschaftlichen Methoden der Franzosen. Wenn er behauptet, daß zehn Exemplare für wissenschaftliche Untersuchungen mehr als genug sind, scheint er zu vergessen, daß von diesen zehn nur zwei oder drei Weibchen waren und sich keines von ihnen in einem Zustand befand, der Aufschluß darüber gegeben hätte, ob der Fisch Eier legt oder lebend gebärt.

Wenn Professor Smith behauptet, daß die Wissenschaft und die Welt nicht länger nach toten Coelacanthen verlangen, vergißt er vielleicht, daß er im Besitz eines Exemplars ist, daß aber andere Museen so wie dieses hier, auch Bedarf an einem Exemplar haben. Diese Exemplare sind ihnen von unseren großzügigen französischen Kollegen versprochen worden.«

In der darauffolgenden Woche verteidigte sich Millot, den Smith vor allem angegriffen hatte, in der *Times* und brachte es gleichzeitig fertig, dem Südafrikaner ein paar Schläge unter die Gürtellinie zu verpassen, die dieser möglicherweise auch verdient hatte:

»Wenn Professor Smith ein Anatom wäre, wüßte er, daß für eine ausführliche anatomische, histologische und chemische Untersuchung, wie wir sie an beiden Geschlechtern des Coelacanthus und in allen Entwicklungsstadien vornehmen, ein Dutzend Exemplare (über die wir noch nicht einmal verfügen) kaum ausreichend ist. Ihre Leser dürfen versichert sein, daß kein Coelacanthus zuviel gefangen wurde.«

Er lobte die Zusammenarbeit mit den komorischen Behörden, bevor er zu einem letzten Schlag gegen Smith ausholte:

»Man muß den Komoren insbesondere dafür danken, den Quastenflosser davor bewahrt zu haben, mit Dynamit gejagt zu werden, dessen Einsatz – kaum zu glauben, aber nichtsdestoweniger wahr – Professor Smith zwei Mal vorgeschlagen hatte.«

1960 entschied Millot dann, daß ihm genügend tote Quastenflosser zur Verfügung standen, und er begann, überzählige Exemplare weiterzugeben. Das British Natural History Museum wurde für seine Unterstützunug bei der in der *Times* geführten Auseinandersetzung gegen Smith mit Exemplar Nummer vierzehn belohnt, Nummer einundzwanzig ging an das Zoologische Museum in Kopenhagen. Sie alle wurden unter der Bedingung weitergegeben, daß sie ausschließlich Ausstellungszwecken dienen, aber nicht der Forschung übergeben werden sollten.

Nach ein paar Jahren wurde Millot offensichtlich seiner eigenen Großzügigkeit müde. 1962 schrieb Dr. Georges Garrouste, der an dem Kampf um das Leben von Zema ben Saids Fisch beteiligt gewesen war, an J. L. B. Smith und beklagte sich, daß ihm das Institut de Récherche Scientifique in Tananarive drei

Monate nachdem er ihnen einen Quastenflosser geschickt hatte, immer noch die Empfangsbestätigung schuldig sei. »Trotz unserer Bitten haben sie dem Fischer noch nicht seine Belohnung ausbezahlt. Kurz gesagt, angesichts dieses unfreundlichen Verhaltens und dem offensichtlichen Desinteresse kam mir die Idee, daß sich vielleicht andere Wissenschaftler glücklich schätzen würden, von einem solchen Fang profitieren zu können.« Dann bot er Smith Exemplar Nummer sechsundzwanzig an, ein riesiges Weibchen, 180 Zentimeter lang und stolze 95 Kilogramm schwer. J. L. B. Smith schlug das Angebot aus, regte aber an, den Fisch dem American Museum of Natural History anzubieten, das ihn auch dankbar annahm. Er wußte, daß er den von den Franzosen schon vorgenommenen ausführlichen Untersuchungen wenig hinzufügen konnte. Wie die stets treue Margaret Smith erzählte, »behauptete er immer, daß der erste Quastenflosser ihm mehr gegeben hat, als ein Mensch sich in seinem Leben erhoffen darf«.

Der Quastenflosser hatte nahezu zwanzig Jahre lang den wichtigsten Platz in Smiths Gedanken eingenommen. Seine Ablehnung eines frischen Exemplars ließ erkennen, daß er den Quastenflosser nicht länger als seinen Fisch, sondern als *notre Coelacanthe* betrachtete. Bezeichnenderweise trat Smith deshalb aber nicht kürzer. *Old Fourlegs – The Story of the Coelacanth* wurde 1956 veröffentlicht (zu deutsch: *Vergangenheit steigt aus dem Meer. Die Geschichte vom Coelacanthus*, 1957). William Smith erzählt, daß J. L. B. eines Tages in Knysna zum Fischen ging, mit dem ganzen Buch im Kopf nach Hause zurückkehrte und es in einem Zug innerhalb von zehn Tagen niederschrieb. Es wurde in London und New York (unter dem Titel *The Search beneath the Sea*) veröffentlicht und ins Deutsche, Französische, Russische, Estnische, Slowakische, Holländische und Afrikaans übersetzt.

J. L. B. Smith widmete das Buch »Miss M. Courtenay-Latimer, einer der tüchtigsten Frauen Südafrikas«. Der erste Satz des Buches ist typisch für Smith, den Wissenschaftler mit Leib und Seele: »Es ist eine wunderbare und erregende Zeit, in der wir heute leben, und doch wäre es für mich viel erregender zu wissen, ich könnte noch hundert oder tausend Jahre länger auf der Welt sein, denn diese unmittelbare Zukunft verspricht für den Wissenschaftler ungeheuer interessant, ja geradzu abenteuerlich zu werden.«

Die Smiths arbeiteten weiterhin an der neuen Auflage des Buches über die südafrikanischen Meeresfische und veröffentlichten nach einer Expedition zu den Seychellen, auf der sie dieses Mal von William begleitet wurden, den Band *The Fishes of the Seychelles*. Nach 1957 unternahm J. L. B. Smith keine Übersee-Expeditionen mehr und nahm nach 1960 aus gesundheitlichen Gründen auch nicht mehr an Konferenzen im Ausland teil. Von nun an widmete er sich nur noch seiner Arbeit und dem Terrorisieren seiner Mitarbeiter und Studenten.

J. L. B. Smith hatte bestimmt auch eine sanftmütigere Seite, aber mit zunehmendem Alter ließ er sie immer seltener zum Vorschein kommen und war berüchtigt für seine Intoleranz. Shirley Bell, damals eine junge Journalistin, die für eine Anglerzeitschrift arbeitete, war eine der wenigen Auserwählten, für die er immer Zeit hatte, und sie erinnert sich an einen J. L. B. Smith, der wenig mit Peter Barnetts gestrengem Professor zu tun hatte. Sie erhielt einen Brief von den Smiths, in dem diese einen ihrer Artikel lobten. »Das war der Anfang unserer Freundschaft«, erinnerte sie sich. »Er schrieb mir lange Briefe in seiner schönen feinen Handschrift und ließ sich darin über seine Artikel aus, die ich in der Zeitschrift veröffentlichte wollte, erzählte vom aktuellen Stand ihrer ichthyologischen Forschungen, erteilte ab und an einen Ratschlag und beantwortete mit treffenden Kommentaren meine Fragen, tat freundlich seine Sorge kund – kurz gesagt, es waren wunderbare Briefe.«

»Nie wurde ihm etwas zuviel«, erklärte sie. »Wenn etwas nicht perfekt war, bemerkte er es sofort, und er freute sich an jeder Kleinigkeit, die er für gut gemacht hielt. Er galt als unnahbar, ja sogar exzentrisch, und zweifellos konnte er Dummköpfe nicht leiden, aber diese Seite an ihm lernte ich in den wenigen Jahren unserer Freundschaft nicht kennen.«

Das Verhältnis zwischen Smith und Marjorie Courtenay-Latimer blieb eng: Seine Archive sind voll von den Durchschlägen freundschaftlicher Briefe an sie, in denen es natürlich hauptsächlich um Fische geht. Sein treuester Begleiter, der seine Liebe zu Fischen teilte, war ein Foxterrier namens Marlin. Die beiden trennten sich nur selten. Marlin begleitete J. L. B., wohin dieser auch immer ging – sei es mit dem Auto oder dem Boot oder auf den langen Spaziergängen rund um Grahamstown.* 1964 begleitete Marlin die Smiths sogar auf einem Ausflug zu Marjorie Courtenay-Latimers Bird Island, den er eindeutig genoß, wie J. L. B. Smith in einem Dankesbrief an den Leuchtturmwärter und seine Frau kurz nach ihrer Heimkehr schrieb. »Unsere Arbeit hat uns an viele ungewöhnliche Orte geführt, aber ich glaube, Bird Island werden wir niemals vergessen. Wir hatten eine recht angenehme Rückfahrt zum Festland, ich denke, Marlin hat am meisten gelitten, er haßte das Schwanken des Bootes. Das war vermutlich darauf zurückzuführen, daß er sich bei der Hasenjagd vollkommen verausgabt hatte. Seine Füße waren noch Tage später wund.«

Im selben Jahr, und wahrscheinlich noch bevor Marlins Pfoten heilen konnten, wurde ein weiteres seltsames Kapitel in der

* 1993 gruben Wissenschaftler von der Rhodes-Universität auf genau dem Weg, den J. L. B. und Marlin täglich gingen, neben unzähligen anderen Fischfossilien auch die fossilen Überreste von sieben Quastenflossern aus. An dieser Stelle, nur zwei Meilen von Grahamstown entfernt, befindet sich eine Lagune aus vorgeschichtlicher Zeit.

Geschichte des Quastenflossers aufgeschlagen. So wie 1949 das geheimnisvolle Auftauchen der Schuppe von Tampa verwiesen auch diese neuen Entdeckungen darauf, daß Quastenflosser-Populationen möglicherweise in weit voneinander entfernten Gebieten des Erdballs existierten. Ein argentinischer Chemiker namens Dr. Ladislao Reti besuchte eine kleine Dorfkirche in der Nähe von Bilbao an der spanischen Atlantikküste. Dort sah er die seltsame Darstellung eines Fisches als eine silberne Votivgabe an der Wand hängen. Die wunderschön gearbeitete Figur war ungefähr zehn Zentimeter groß und wies die unverwechselbaren paarigen, gelappten Flossen auf sowie die zweite Rückenflosse, den Stummelschwanz und sogar ein Intercranialgelenk, hinter dem sich ein Hohlraum im Inneren der Figur verbarg. Ladislao Reti erwarb die Figur und zeigte sie, wieder zu Hause angekommen, dem Ichthyologen Pablo Bardin, der den dargestellten Fisch eindeutig als Quastenflosser identifizierte.

Kurz darauf wurde ein weiterer – noch erlesenerer – silberner Quastenflosser von Maurice Steinert in Toledo gekauft, nicht weit von Bilbao entfernt. Beide Stücke wurden zu verschiedenen Silberfachleuten gebracht, die alle davon überzeugt waren, daß sie mittelamerikanischen Ursprungs und wahrscheinlich auf das siebzehnte oder achtzehnte Jahrhundert zurückzudatieren sind – also lange bevor sich die Aufmerksamkeit der ganzen Welt auf den Quastenflosser richtete. Es erschien höchst unwahrscheinlich, daß die Künstler die halbe Welt umfahren hatten, um sich auf den Komoren Anregungen zu holen – hatte das Vorbild für ihre Werke also vielleicht in größerer Nähe gelebt?

J. L. B. Smith widmete die letzten Jahre seines Lebens den Büchern über Fische und dem Institut für Ichthyologie. Sein Interesse erlahmte nie: Bis zu seinem Tod veröffentlichte er über

Silberne Votivgabe eines Quastenflossers aus dem 17. oder 18. Jahrhundert

fünfhundert Aufsätze über Fische und benannte 370 neue Spezien. Mit vier Benennungen ehrte er seine Frau und Partnerin, Margaret: Als er ihr *Pseudocheilinus margaretae* widmete, offenbarte er, ganz untypisch für ihn, seine persönlichen Gefühle: »Der Name dieses außerordentlich schönen Lebewesens ist ein Tribut an meine Frau«, schrieb er. »Der Beitrag, den sie während all der Phasen unserer Arbeit geleistet hat, war wahrscheinlich größer als mein eigener.«

J. L. B. Smith wurde mit Ehrungen überschüttet: Er wurde unter anderem zum Mitglied der Royal Society of South Africa, zum Ehrenmitglied der American Society of Ichthyologists und zum korrespondierenden ausländischen Mitglied der Zoological Society in London ernannt. Später lehnte er einige der angebotenen Ehrungen ab: »Lassen Sie sie einem Jüngeren zukommen, der sich noch durchsetzen muß und sie zu schätzen weiß – an mir ist sie verschwendet«, antwortete er einmal auf eine entsprechende Offerte. Im April 1968 nahm er allerdings noch den Ehrendoktortitel der Rhodes University an.

In den letzten beiden Jahren seines Lebens spürte J. L. B. Smith, daß seine geistigen Kräfte nachließen. Margaret erledigte immer mehr Aufgaben ihres Mannes am Institut für Ichthyologie. Seine Sehkraft wurde zunehmend schwächer, und er hatte furchtbare Angst vor einem Schlaganfall. Einer seiner besten Freunde aus der Studentenzeit, der vormalige Außenminister Donges, war ein paar Jahre zuvor an einem Schlaganfall gestorben. Smith, der sich seiner Leiden ständig bewußt war, befürchtete, bettlägerig und zu einer »bloßen Last« zu werden.

Ende November 1967 übergab er seiner Sekretärin Jean Pote einen großen Scheck. Die Summe betrug das Doppelte dessen, was sie als Weihnachtsgratifikation erwartet hatte. »Ich möchte, daß Sie das behalten«, sagte er zu ihr. An Weihnachten küßte er seine Schwiegertochter Gerd, die Frau von Bob, auf die Stirn. »Ich war überrascht. Das war das erste Mal, daß er mir ein Zeichen seiner Zuneigung gegeben hatte«, erinnert sie sich. Als er Ende des Jahres seine alte Freundin und Mitstreiterin Marjorie Courtenay-Latimer traf, war er ebenfalls überraschend offen. »Wir gingen immer gemeinsam Mittag essen, wenn er nach East London kam. Als wir dieses Mal gegessen hatten und ich zum Auto ging, um mich zu verabschieden, umarmte er mich und küßte mich auf die Wange. Ich war wirklich erstaunt – das hatte er noch nie getan. Dann sagte er: ›Mädchen, Sie machen Ihre Sache gut, immer weiter so.‹ Ich lachte und wunderte mich, daß er so etwas Merkwürdiges sagte.«

Am 8. Januar 1968 nahm J. L. B. Smith in seinem Haus in Grahamstown eine tödliche Dosis Zyanid. Er war siebzig Jahre alt. Alles war sorgfältig geplant und ausgeführt. Er hinterließ zwei Briefe. Der erste war an Margaret gerichtet: »Auf Wiedersehen, mein Liebes, und danke für die dreißig wunderbaren Jahre. Ich gehe hoch in das Mädchenzimmer. Vorsicht. Zyanid.«

Im zweiten Brief erklärte er seinen Entschluß. Er schreibt:

»Seit einigen Jahren leide ich an einer ernsten Depression, ich sehe auf einem Auge fast nichts mehr, der Augeninnendruck wird immer schlimmer, ich lebe in fortwährender Angst, bettlägerig und hilflos zu werden. Ich ziehe diesen Ausweg vor und bin dabei der Natur vielleicht nur einen kleinen Schritt voraus.«

Wissenschaftler, Angler und Freunde aus der ganzen Welt trauerten um J. L. B. Smith. Margaret erhielt eine Flut von Beileidsbekundungen: »Ich habe unsere Freundschaft und besonders seine freundliche Aufmerksamkeit und weisen Ratschlägen, die er so bereitwillig gab, immer geschätzt«, schrieb ein befreundeter Wissenschaftler. »Ich schulde ihm sehr viel, mehr, als die meisten ahnen, für die Umsicht und kluge Haltung, die er gegenüber Wissenschaft, Verwaltung und Kollegen bewiesen hat.«

Humphrey Greenwood vom British Museum beschrieb, daß er »als Student den größten Respekt vor der Arbeit hatte, die J. L. B. Smith leistete und schon geleistet hatte. Heute, nachdem ich selbst über viele Jahre hinweg Erfahrungen in ähnlichen Forschungsgebieten gemacht habe, ist dieser Respekt nur noch gewachsen.« Auf der Eröffnung einer Ausstellung im East London Museum zu Ehren von J. L. B. Smiths Leben und Werk verglich der Präsident des Council for Scientific Research die Zusammenarbeit der Smiths auf wissenschaftlichem Gebiet mit den Leistungen von Pierre und Marie Curie.

»Ich sehe ihn vor mir, wie ich ihn kannte – schlank, viril, furchtlos und ganz und gar ehrlich im Umgang sowohl mit Menschen als auch mit wissenschaftlichen Tatsachen und Theorien«, schrieb Dinnie Nell, eine Freundin.

»Ich hätte mich unter all meinen Freunden und Bekannten zuerst an ihn gewandt und wäre mir seiner Sympathie, seines Rates und seiner Unterstützung sicher gewesen«, schrieb Doris Cave, die Bibliothekarin des Instituts für Ichthyologie.

Seine alte Freundin und Mitstreiterin Marjorie Courtenay-

Latimer war von Trauer überwältigt. »Welche Ehre war es, ihn zu kennen«, schrieb sie an Margaret Smith. »Er war ein außerordentlich kluger Mann, und ich kann mich sehr, sehr glücklich schätzen, ihn gekannt zu haben.«

In comoriam

Der Quastenflosser als komorischer Exportschlager

1963 waren die Franzosen der Meinung, daß ihr Bedarf an Quastenflossern für die Forschung gedeckt war. Sie verlegten das Forschungszentrum in ein Speziallabor im Muséum National d'Histoire Naturelle in Paris und überließen die Verteilung weiterer Fische den Komorern. Die komorischen Behörden waren hocherfreut und verfuhren nun offiziell nach der Regelung, wonach ihnen die Fischer jeden gefangenen Quastenflosser gegen einen festen Preis von 100 Pfund verkaufen mußten und sie nach Belieben über den Fisch verfügen konnten. In allen komorischen Schulen wurden Flugblätter mit einem Bild des Fisches verteilt, auf denen erklärt wurde, was der Quastenflosser war, und man die Kinder aufforderte, zu Hause ihren Eltern davon zu erzählen. Das einzige Flugzeug der Air Comoros stand auf Abruf zum Transport des Fisches zur Verfügung: Wann immer ein Quastenflosser gefangen wurde, schickte man die Maschine los, um ihn sofort in das öffentliche Kühlhaus in Moroni zu bringen. Im Jahr 1965 wurden neun Quastenflosser gefangen und im darauffolgenden Jahr weitere sechs.

Es zeugt von der Abgeschiedenheit der Komoren, daß man bis 1952 nicht wußte, daß sie die Heimat des Quastenflossers waren. Der Legende nach soll König Salomon auf den entlegenen Inseln im Indischen Ozean tausend Jahre vor Christi Geburt die Königin von Saba geheiratet haben, aber archäologische Funde beweisen, daß die Inseln seit dem ersten Jahrhundert vor Christus besiedelt waren. Die Siedler kamen aus Indonesien und machten die fast zehntausend Kilometer lange Reise über den Indischen Ozean in schmalen Einbäumen, die wesentlich größer waren als jene *galawa*, die noch heute von den einheimischen Fischern benutzt werden, aber eine ähnliche Form und die gleichen doppelten Ausleger hatten. Sie waren Seefahrer, und als sie sich auf den Inseln im westlichen Indischen Ozean – zunächst auf Madagaskar und dann den Komoren – ansiedelten, brachten sie ihre handwerklichen Fertigkeiten und Arbeitsmethoden mit. Die vier Inseln im Norden der Straße von Mosambik müssen ihnen wie Juwelen erschienen sein. Der vulkanische Boden war fruchtbar, und das Meer barg reiche Schätze. Man weiß nicht, wann der seltsame Fisch namens *gombessa* zum ersten Mal gefangen wurde, aber es ist gut möglich, daß sie ihn schon seit Hunderten, vielleicht sogar Tausenden von Jahren fingen. Manchmal warfen sie ihn einfach weg. Sie suchten *nessa*, den Ölfisch, der bis heute einen guten Preis auf dem Markt erzielt. Er wird wegen seiner Eigenschaften als Heilmittel gehandelt – sein ölhaltiges Fleisch wird sowohl als Abführmittel wie auch als Schutz gegen Moskitos verwendet. *Gombessa* dagegen – der Name bezeichnet in Suaheli ein Tabu, etwas streng Verbotenes – ist nicht zum Verzehr geeignet, sein ölhaltiges Fleisch wirkt als starkes Brechmittel. Seine Bedeutung beruht auf seinem langen Stammbaum, von dem die Bewohner der Komoren nichts wußten und für den sie sich auch nicht interessierten.

Im Lauf der Jahrhunderte siedelten sich Einwanderer aus Arabien, Afrika und dem Iran auf den Komoren an: Diese Vielfalt zeigt sich heute noch in der komorischen Bevölkerung. Kurze Zeit nach der Geburt Mohammeds im Jahr 570 kehrte ein komorischer Botschafter von einer Reise nach Arabien in Begleitung eines Kalifen zurück, der die Inseln zum Islam bekehrte.

Anfang des 15. Jahrhunderts waren die Inseln ein Zentrum des Seehandels und wurden von machtgierigen Sultanen beherrscht, die ständig Krieg gegeneinander führten. Kaufleute, die mit ihren Schiffen die reiche ostafrikanische Küste befuhren, legten auf den Komoren an, um mit Reis, Amber und Sklaven zu handeln. Sie zogen natürlich die Aufmerksamkeit von Piraten auf sich, die sich in versteckten Buchten in den Hinterhalt legten, um die reichbeladenen Handelsschiffe zu überfallen. Zu Beginn des letzten Jahrhunderts wurden die Komoren von einem Bürgerkrieg erschüttert, als zwischen den Sultanen Kämpfe darum entbrannten, wer die französischen Plantagenbesitzer auf der Ile de France (dem heutigen Mauritius) und den Seychellen mit Sklaven beliefern durfte.

Nach Beendigung des Sklavenhandels und der Öffnung des Suezkanals im Jahr 1869 spielten die Komoren im internationalen Handel nur noch eine untergeordnete Rolle. Gegen Ende des 19. Jahrhunderts legten jedes Jahr lediglich zwei oder drei Schiffe auf den Komoren an, und die Inseln verarmten. Schließlich trat Frankreich auf den Plan, und 1912 wurden die Komoren französische Kolonie. 1946 erhielten die Inseln den Status eines französischen Überseeterritoriums. In den komorischen Speiseplan, der bis dahin hauptsächlich aus Fisch, Reis und Cassava bestanden hatte, wurden französisches Brot und *pains de chocolat* aufgenommen, und heute noch sieht man in der Hauptstadt Moroni an jeder Ecke komorische Frauen sitzen, die knusprige Baguettes verkaufen. Die Komoren gehörten zu den kleinsten und entlegensten französischen Kolonien: Selbst das französische Außenministerium war sich wahrscheinlich ihrer Existenz kaum bewußt, bevor sie in den Mittelpunkt des allgemeinen Interesses rückten, nachdem Smith den im Jahr 1952 gefangenen Quastenflosser an sich gebracht und damit einen diplomatischen Eklat ausgelöst hatte. *Les Comores* waren nur ein unbedeutender Posten unter den Besitztümern Frankreichs. Als der Welt die Entdeckung von *Malania* verkündet wurde, mußte nicht nur J. L. B. Smith zum Atlas greifen.

Durch den Quastenflosser wuchs sowohl der Nationalstolz als auch die Wirtschaft der Komorer beträchtlich. Sidi Bacari Papa, der Präparator von Anjouan, hatte alle Hände voll zu tun, da auserwählte, auf Besuch weilende Staatsoberhäupter und andere Würdenträger ausgestopfte oder eingefrorene Quastenflosser als Geschenk erhielten: Die Vereinten Nationen bekamen einen, ebenso Staatspräsident Mitterrand und der südafrikanische Außenminister Botha. Keine andere Nation konnte bei einem derartigen Geschenk mithalten. Voller Stolz brachte man neue Münzen und Banknoten mit der Abbildung des Quastenflossers in Umlauf, er wurde auf farbenprächtige Pareos und T-Shirts gedruckt und in zierliche goldene Broschen und Halsketten eingearbeitet, Brautgeschenke für die *grand mariage*. Im Dezember 1986 erklärte ihn der Innenminister zum »Erbe der Menschheit« und den komorischen Staat zu seinem Hüter.

Insbesondere die Fischer zogen Nutzen aus dem Fang eines Quastenflossers. Auf den Inseln herrscht große Armut, und die meisten Einwohner leben von der Subsistenzlandwirtschaft und dem Fischfang. Zwar müssen nur wenige hungern, aber kaum einer hat mehr als das Nötigste zum Leben. Die Gesellschaft ist streng hierarchisch gegliedert, an der Spitze stehen die Sharife, die Nachfahren des Propheten Mohammed. Ihnen folgen die Intellektuellen, die Oberhäupter der Moschee, die Staatsbeamten und die Lehrer. Dann kommen die Bauern, und auf der untersten Stufe der komorischen Gesellschaft stehen die Fischer. Sie gelten als ungehobelt – laut und jederzeit zu einer Rauferei bereit. Im allgemeinen werden die Söhne und Enkel von Fischern ebenfalls Fischer und heiraten die Töchter von Fischern. Selbst wenn sie hart arbeiten, um etwas zu lernen, werden sie von der Gesellschaft nach wie vor an den Rand gedrängt. Ein komorisches Sprichwort besagt: Auch wenn man Fischsuppe macht, riecht sie immer noch nach Fisch.

Als der Quastenflosser auftauchte, änderte sich das alles für kurze Zeit. Der Fischer, der einen fing, wurde über Nacht zum Helden. Auch die *mzungus* feierten ihn, jene weißen Männer, die in den Dörfern herumlungerten und die Fischer drängten, einen *gombessa* zu fangen, und die alle Einzelheiten darüber wissen wollten, wenn es ihnen gelang. Abgesehen von Kapitän Goosens zufälligem Fang im Jahr 1938 wurden alle Quastenflosser von komorischen Fischern mit traditionellen Methoden gefangen.

Die Fischer von Itsoundzou, einem kleinen Dorf an der südwestlichen Küste von Grand Comore, sind rechtzeitig bei Sonnenuntergang, der alles in ein rosiges Licht taucht, an den Strand gekommen, um ihr kleines *galawa* zu Wasser zu lassen. Schnell rudern sie hinaus, schmächtige Männer in schäbigen T-Shirts und zerschlissenen Shorts mit zerdrückten Hüten aus Palmblättern auf den Köpfen. Nicht weit vom Ufer entfernt werfen sie ihre Handleine aus. Nach einer Minute holen sie die Leine mit einem kleinen silbrig glänzenden Fisch, einem *roudi*, wieder ein, den sie als Köder benutzen.

Der Fisch wird vorsichtig auf den Boden des *galawa* gelegt, während die Männer mit hochgezogenen Knien auf den beiden quer über das schmale Boot gelegten Holzbänken kauern. Mit kräftigen Schlägen rudern sie weiter auf das Meer hinaus, wobei sie das kurze Paddel abwechselnd links und rechts ins Wasser senken. Ihr Bewegungen sind rasch, aber sicher, selbst mit den Auslegern ist das Boot nicht besonders stabil, und eine abrupte Bewegung nach einer Seite hin könnte es leicht zum Kentern bringen.

Als die Sonne am Horizont versinkt, steigen schwach angestrahlte senkrechte Wolken aus dem Meer auf wie eine unheimliche Geisterstadt. Bald ist es völlig dunkel, und abgesehen von den Scheinwerfern der Autos, die vereinzelt die gewundene Küstenstraße entlangfahren, sind am Ufer keine Lichter zu sehen (bis heute gibt es so weit im Süden von Grand Comore keinen elektrischen Strom), doch die Fischer kennen ihren Weg. Nachdem sie die meisten Nächte ihres Lebens auf dem tiefschwarzen Meer verbracht haben, ist ihnen jedes Riff und jede Höhle, jede Erhebung und Senkung des Meeresbodens vertraut. Ungefähr fünfhundert Meter vom Strand entfernt legen die Männer ihre Paddel behutsam quer über das *galawa* und bereiten die Leine vor. Sie sind hinter *nessa*, dem Ölfisch her, einem großen und häßlichen Fisch, der in mittlerer Meerestiefe lebt und in denselben Jagdgründen auf Beutefang geht wie *gombessa*, der Quastenflosser. Die beiden Fische gleichen sich in Größe und Gewicht und werden auf dieselbe Weise gefangen.

Die schmale Mondsichel wirft nur einen schwachen Lichtschimmer auf die schwarze Wasseroberfläche. *Nessa* und *gombessa* wagen sich bei Vollmond, wenn der Himmel zu hell ist, nicht heraus. Rasch befestigen die Fischer an der Leine, ungefähr fünfundvierzig Zentimeter oberhalb des Köders, zwei flache Lavabrocken, die sie vom Strand mitgenommen haben – eine Methode, die sie *mazé* nennen. Dann lassen sie die Schnur mit den Gewichten ins Wasser sinken, bis sie den Meeresboden erreicht, und messen dabei die Tiefe: Jede Armlänge entspricht einem Meter. Wenn die Steine auf dem Meeresboden aufschlagen, holen sie die Leine ein bis zwei Meter ein, bevor sie mehrmals ruckartig an der Schnur ziehen, um die Steine zu lösen. Dann lassen sie den Köder mit ausladenden Armbewegungen über den Meeresboden gleiten, wobei sie die Schnur durch ihre Finger laufen lassen, so daß sie jede Bewegung spüren können.

Die wunderbare Stille wird nur hin und wieder von einem sanften Plätschern unterbrochen, wenn die Fischer mit ihren unter den Arm geklemmten Paddeln manövrieren, oder wenn kurz Geschäftigkeit ausbricht, weil ein Fisch angebissen hat. Die Boote liegen dicht beieinander, aber die Männer sprechen nur wenig, und in der Stille liegt ein beruhigendes Gefühl von Gemeinschaft. Es ist eine gefährliche Arbeit – und alle wissen, daß in stürmischen Nächten mit starkem Wellengang manch einer der Fischer von seiner Fahrt nicht mehr zurückgekehrt ist. Sie verbringen in ihren Booten lange Nächte unter einem sternenübersäten südlichen Himmel, bis sie in den frühen Morgenstunden zurückrudern, ihr *galawa* über das glattgeschliffene schwarze Lavagestein ziehen und den Fang zu ihren Hütten bringen, um zu warten, bis bei Tagesanbruch der Markt beginnt. Wenn sie jedoch einen *gombessa* gefangen haben, dürfen sie keine Zeit verlieren, sie müssen einen der verrückten *mzungus* finden, bevor der Fisch anfängt, in der Morgensonne zu verfaulen.

Ein Fischer, der einen Quastenflosser verkauft, hat plötzlich mehr Geld, als die meisten Komorer in fünf Jahren verdienen. Bis heute sind auf den Komoren 100 Pfund eine Menge Geld, die Starthilfe auf dem Weg zu einer *grand mariage*, einem Eckpfeiler der komorischen Gesellschaft, durch die ein einfacher Dorfbewohner einer der geachteten Notabeln werden kann.

Mzé Lamali Hila begann mit dem Fischfang im Alter von zehn Jahren. Er behauptet, über hundert Jahre alt zu sein und erhebt sich nach wie vor aus seinem schiefen Rattanbett, um in sein *galawa* zu klettern und nachts zum Fischen hinauszufahren. Heute fängt er nicht mehr viel. »Ich habe vier *gombessa* gefangen«, erzählt er voller Stolz. »Und ich erinnere mich noch, daß mein Vater einen fing, als ich ein kleiner Junge war. Er schmeckt nicht gut, aber wir haben ihn als Medizin gegen viele Krankheiten verwendet: Magenverstimmungen, Ausschläge und Hüftprobleme. Den ersten habe ich vor langer Zeit gefangen«, berichtet er. Eine kleine Menschenmenge versammelt sich vor dem Eingang zu Mzés schäbiger Hütte aus Palmblättern. Der alte Fischer genießt seinen Auftritt vor Publikum und fährt fort, mit kräftiger, melodischer Stimme seine Geschichte zu erzählen. »Ich machte *mazé*, ich hatte meine Steine bis auf den Grund sinken lassen, und dann spürte ich, daß ein Fisch angebissen hatte. Ich fing an, ihn heraufzuziehen, ganz langsam, es dauerte beinahe zwei Stunden, er war nämlich sehr schwer. Als ich ihn an die Wasseroberfläche gezogen hatte, steckte ich ihm einen großen Haken durchs Maul, um ihn am Boot zu befestigen. Er zog eine richtige Welle hinter sich her, als ich ihn ans Ufer schleppte. Damals, bevor die Weißen auftauchten, war er wertlos – man konnte ihn nicht auf dem Markt verkaufen, deshalb haben wir ihn am nächsten Tag gekocht. Er schmeckte nicht besonders gut, das Fleisch ist zu fett, nicht gut, und viele Leute wollten ihn nicht essen – nur ein paar Kinder und Dorfbewohner aus den Hügeln. Wenn man *gombessa* oder *nessa* ißt, sollte man eigentlich eine Dusche haben«, erzählt er zur Belustigung seiner Zuhörer. »Man kriegt Durchfall davon.« Nach 1952 hatte er mehr Glück. Seinen zweiten Quastenflosser verkaufte er für 200 Pfund, den dritten und vierten für jeweils 100 Pfund. Mit der Aussicht auf eine so hohe Belohnung war jeder Fischer darauf aus, einen *gombessa* zu fangen. Es läßt sich zwar nicht sagen, daß sie ihn auf Bestellung fangen können, aber der finanzielle Anreiz verlockte mehr Fischer dazu, nachts hinauszufahren, was unweigerlich zu mehr Fängen führte.

Die komorische Regierung betrieb einen regen Handel mit Quastenflossern. Im Jahr 1966 arbeitete der Biologe Keith Thomson am Peabody Museum für Naturgeschichte an der Yale-Universität, als er ein Rundschreiben der komorischen Regierung erhielt, mit dem sie jeder zoologischen Institution das Angebot machte, einen eigenen Quastenflosser zum Sonderpreis von vierhundert Dollar zuzüglich Versandkosten zu erwerben. Wie man sich denken kann, war die Nachfrage groß, und in vielen bedeutenden naturhistorischen Museen nimmt heute ein Quastenflosser einen Ehrenplatz ein. Dem Peabody Museum gelang es, sich den ersten frisch eingefrorenen Quastenflosser zu sichern. Er wurde in einem Gefrierbehälter für Speiseeis ausgestellt, bevor man ihn sezierte. »Der größte Teil der Einwohner von Connecticut defilierte vorbei«, berichtete Thomson. »Es war eine verkleinerte Version dessen, was J. L. B. Smith erlebt oder erlitten haben muß. Die Eingangshalle des Peabody Museums von Yale ähnelte bald dem Lenin-Mausoleum.«

Nachdem die Franzosen sich 1972 endgültig zurückgezogen hatten, erhielten ausländische Expeditionen die Erlaubnis, im Komoren-Archipel nach Quastenflossern zu suchen. Alle wollten ein lebendes Exemplar: Abgesehen von ein paar sterbenden Fischen, die im seichten Wasser herumpaddelten, hatte niemals jemand einen lebenden Quastenflosser zu Gesicht bekommen. Die zu erwartenden Belohnungen für die ersten Bilder eines lebenden Fisches waren so hoch, daß Photographen vor nichts zurückschreckten, um sie sich zu sichern. Nur einen Monat nach dem Fang von *»notre Coelacanthe«* im Jahr 1953 behauptete ein italienisches Expeditionsteam unter der Leitung von Franco Prosperi, vor der Küste von Mayotte Aufnahmen von einem lebenden Quastenflosser gemacht zu haben. In seinem Buch *Vanished Continents* beschreibt Prosperi, wie er sich über den Rand des Dingis lehnte und in das seichte Wasser schaute. »Seit einigen Minuten hatte ein seltsamer Fisch meine Aufmerksamkeit auf sich gezogen. Er lag auf einem Steinkorallfelsen in ungefähr dreizehn Meter Tiefe. Wie gesagt, er schwamm nicht herum, sondern lag auf dem Korallenfelsen, zu faul, um auch nur eine Flosse zu bewegen. Ich prägte mir sein Aussehen ein, den flachen Körper, den langgestreckten Rumpf und die einheitlich dunkle Färbung.« An den seltsamen Flossen erkannte er, daß es sich um einen Quastenflosser handelte, mit »klopfendem Herzen« tauchte er hinab und schwamm auf den vermeintlichen Quastenflosser zu. »Ich sah seinen Umriß im Sucher«, schrieb er. »Mir fiel der kräftige Körperbau auf, die Flossen wuchsen wie kleine Spatel aus den fleischigen Stielen.« Er machte eine Aufnahme, aber zu seinem Leidwesen »ließen das Klicken und das Surren des Mechanismus den Fisch plötzlich zum Leben erwachen. Mit einer für ein solch massiges Lebewesen unglaublichen Geschwindigkeit drehte er sich um und schwamm rasch auf den Meeresgrund zu. Während ich versuchte, ihm zu folgen, sah ich Fabrizio rechts an mir vorbeischwimmen, die Harpune im Anschlag und ganz starr vor Anspannung.«

Zum Glück für den Quastenflosser gelang es Fabrizio nicht, einen gezielten Schuß abzugeben. Kurze Zeit später erließen die Franzosen das Edikt, das es ausländischen Wissenschaftlern untersagte, Quastenflosser zu fangen, und die Quastenflosserpopulation blieb vor den Italienern und ihrem Unterwasserwaffenarsenal verschont. Das Photo des Quastenflossers wurde in *Vanished Continents* veröffentlicht, und Prosperi behauptete großspurig, es sei das erste Bild von einem lebenden Exemplar. Wissenschaftler hatten sofort den Verdacht, daß es sich um einen Betrug handelte: Das Bild ist unscharf, und es gibt einige andere Hinweise darauf, daß die ganze Sache ein Schwindel war. So wurde beispielsweise außer diesem Exemplar niemals ein Quastenflosser in der Nähe von Mayotte oder in seichtem Wasser gesichtet, ein lebender Quastenflosser zeigt keine »einheitlich dunkle Färbung«, sondern hat weiße Flecken, und es wurde auch nie beobachtet, daß er auf Korallenfelsen liegt oder auch nur deren Oberfläche berührt. Die meisten Experten halten das Photo für eine Fälschung.

Dreizehn Jahre später verkaufte ein französischer Photojournalist namens Jacques Stevens einen Bericht an *Life*, in dem er behauptete, er habe einen Quastenflosser photographiert, der in den »dämmrigen und unheimlichen« Tiefen des Meeres umherschwamm. Er befand sich auf einem nächtlichen Tauchgang, als »aus der gespenstischen Dunkelheit in ungefähr fünfundvierzig Meter Tiefe unter der Meeresoberfläche plötzlich ein Quastenflosser auftauchte«. Der Fisch war »schleimbedeckt«, und »seine riesigen phosphoreszierenden Augen starrten mich an«. Zu seinem Pech – und dem der Nachwelt – klemmte Stevens' Filmkamera, und das Blitzlicht seines Photoapparates schien den Quastenflosser zu erschrecken, denn er verschwand wieder in der Dunkelheit, bevor Stevens mehr als zwei Aufnahmen machen konnte.

Als der Bericht erschien, stellten die Wissenschaftler erneut fest, daß die Darstellung nicht unbedingt den Tatsachen entsprach. Der Fisch war vor Korallen zu sehen, die man nur in seichtem Wasser findet, und die Photos selbst waren gut ausgeleuchtet und eindeutig bei Sonnenlicht aufgenommen. An der Schnauze des Quastenflossers waren überdies Abschürfungen zu erkennen, wie sie eine scheuernde Angelschnur hinterläßt, seine Augen waren getrübt und zeigten deutliche Anzeichen von Streß. Für die Wissenschaftler war offensichtlich, daß dieser Bewohner der Meerestiefen in Wirklichkeit auf die übliche Weise von einem Fischer gefangen worden und dann ins seichte Wasser gebracht worden war, wo ihn Stevens photographiert hatte, als er bereits am Verenden war.

Ein anderer Franzose, der Taucher Jean-Louis Geraud, machte kein Hehl daraus, daß der Quastenflosser, den er photographierte, bereits in seinen letzten Zügen lag. »Es war wunderbar«, berichtete er. »Es war, als ob ich in meinem Garten einen Dinosaurier entdeckt hätte, einen anmutigen Saurier noch dazu, weil er zu tanzen schien, wenn er schwamm.«

Einem Expeditionsteam aus Franzosen, Engländern und Amerikanern gelang es im Jahr 1972 zwar nicht, ein eigenes Exemplar zu fangen, aber sie waren zugegen, als zwei Quastenflosser von einheimischen Fischern gefangen wurden. Der erste, ein großes Weibchen, wurde an Ort und Stelle seziert, und man stellte fest, daß es neunzehn riesige Eier in sich trug, die jeweils zwischen 300 und 350 Gramm wogen. Diese Eier waren die größten Fischeier der Welt und ein weiteres Indiz dafür, daß der Quastenflosser Eier legte und keine lebenden Jungen gebar.

Doch 1975 – sechsunddreißig Jahre nachdem J. L. B. Smith den ersten Quastenflosser untersucht hatte – wurde diese Theorie schließlich auf den Kopf gestellt. Die Komoren hatten unter der Herrschaft von Ahmed Abdallah Frankreich gegenüber ihre Unabhängigkeit erklärt, und das Forschungsverbot für internationale wissenschaftliche Einrichtungen wurde nicht länger aufrechterhalten. Das American Museum of Natural History begann sofort mit dem Sezieren des Exemplars Nummer 26, dem großen Quastenflosser, den Dr. Georges Garrouste ursprünglich J. L. B. angeboten, dieser jedoch abgelehnt hatte. Als die Wissenschaftler den Fisch aufschnitten, fanden sie zu ihrem Erstaunen fünf fast vollständig entwickelte junge Latimeria. Jedes der Jungen war fast 30 Zentimeter groß und noch mit den Überresten eines großen Dottersacks verbunden. Die fossilen Zeugnisse hatten sich zu guter Letzt bestätigt: *Latimeria* war lebendgebärend.

Diese Erkenntnis hatte bedeutsame Konsequenzen. Wenn die frühen Quastenflosser ebenfalls lebende Junge geboren hatten, waren sie den ersten Säugetieren damit hundert Millionen Jahre voraus. Gleichzeitig läßt das auf eine niedrige Vermehrungsrate der Population schließen: Man nimmt an, daß die Quastenflosserweibchen über ein Jahr lang tragen – wenn es nicht mehr als fünf Junge gebärt, erneuert sich eine kleine Quastenflosserpopulation zwangsläufig sehr langsam, und eine erhöhte Sterberate könnte innerhalb eines kurzen Zeitraums zu ihrer völligen Ausrottung führen. Eine Gruppe von Wissenschaftlern unter der Leitung von Eugene Balon von der Guelph

University in Kanada ging noch weiter und äußerte die Vermutung, daß die geringe Anzahl von Embryonen – gegenüber der großen Anzahl von Eiern – ein Hinweis auf Oophagie sei, das heißt, daß sich die Jungen in der Gebärmutter kannibalisch von den Eiern ernähren, wie es bei Haien der Fall ist. Diese Theorie wurde von einer anderen Expertengruppe bald widerlegt, aber tatsächlich weiß es niemand mit Sicherheit. Immer lauter wurde die Forderung nach dem Fang eines lebenden Quastenflossers erhoben, der die genauere Erforschung dieses Geheimnisses ermöglichen sollte.

Das Steinhart Aquarium erhöhte die Belohnung, indem es dem erfolgreichen Fischer nicht nur Geld anbot, sondern zusätzlich eine zweiwöchige Reise nach Mekka bei Übernahme aller Kosten. Auch das half nichts. Es schien nicht möglich zu sein, einen Quastenflosser außerhalb des Meeres längere Zeit am Leben zu erhalten.

Im August 1975 stürzte ein junger Revolutionär namens Ali Soilih die erste komorische Regierung unter Ahmed Abdallah, und in rascher Folge wurde das Land von Putschen und Gegenputschen erschüttert. Anfangs war Soilih von reformerischem Eifer erfüllt, doch nach einer Reihe von Rückschlägen und angesichts der entschiedenen Opposition konservativer Staatsmänner wurde er allmählich verrückt. Er entließ die gesamte Verwaltung und überließ die Herrschaft über das Land bewaffneten Jugendlichen.

Zwei Jahre später schickte die BBC den Kameramann Peter Scoones auf die Komoren, um für David Attenboroughs Serie *Leben auf Erden* Filmmaterial von einem lebenden Quastenflosser zu sammeln. Nachdem er mehrere Wochen lang erfolglos versucht hatte, in einer Meerestiefe von dreihundert Metern Aufnahmen mit einer ferngesteuerten Kamera zu machen, war der einzige Quastenflosser, dem er nahe genug gekommen war, das ausgestopfte Exemplar im Palast des Präsidenten. »Eines

Abends kehrten wir auf dem einzigen Schiff der komorischen Marine von einer Tauchfahrt zurück, und ich sah zu der Insel hinüber. Sie lag vor uns in einem roten Lichtschein wie bei Sonnenuntergang«, erinnerte er sich. »Allerdings befanden wir uns dazu auf der falschen Seite der Insel, und mir wurde klar, daß ich auf flüssige Lavaströme blickte – der Vulkan war ausgebrochen.« Grand Comore wird vom Karthala mit seinem riesigen Krater beherrscht. Er bricht durchschnittlich alle zwölf bis fünfzehn Jahre aus, wobei jedesmal Dörfer zerstört werden und schwarze Lavamassen im Meer zurückbleiben.

»Da es mir nicht gelungen war, Aufnahmen von einem Quastenflosser zu machen, dachte ich, ich könnte genausogut den Vulkan filmen«, fuhr Scoones fort. »Ich verbrachte die Nacht damit, durch den Regenwald zu klettern und den glühenden Lavaklumpen auszuweichen, die durch die Luft flogen. Bei Sonnenaufgang kehrte ich in mein Hotel zurück (passenderweise das Hotel Coelacanthe in Moroni) und hatte kaum mein Zimmer betreten, als es an die Tür klopfte.« Man berichtete ihm, daß bei einem nahe gelegenen Dorf soeben ein Quastenflosser gefangen worden sei und daß er noch lebe.

»Ich eilte in das Dorf und stellte fest, daß man ihn im Schatten von ein paar Einbäumen festgebunden hatte. Ich trug ihn ins Wasser zurück und versuchte, ihn wiederzubeleben, indem ich Wasser über seine Kiemen goß. Er war offensichtlich am Ende seiner Kräfte, und man hatte ihm fast eine seiner Flossen abgerissen. Er versuchte, nach meiner Hand zu schnappen, was sehr nützlich war, denn so konnte ich ihn in eine geeignete Position für meine Filmaufnahmen bringen. Das einzige Problem war, daß er offensichtlich auf dem Kopf stehen oder auf dem Rücken schwimmen wollte. Trotzdem konnte ich ein paar gute Aufnahmen machen.«

Das sollte noch nicht das letzte von Scoones' Abenteuern gewesen sein. Einige Tage später hielt er sich in Moroni auf, wo ihm junge Militärs auffielen, die in den Straßen Patrouille gingen. Als er an einem zweistöckigen Regierungsgebäude vorbeikam, sah er, daß aus den Fenstern Papier auf die Straße geworfen und dort verbrannt wurde. »Ich hatte keine Ahnung, was da vor sich ging«, sagt er. »Ich fragte jemanden, und der erklärte mir, es fände ein Putsch statt, aber eigentlich sah es nicht sehr danach aus. Wie alles auf den Inseln war auch das ziemlich unorganisiert.« Unwissentlich war Scoones Zeuge von Soilihs letztem Versuch geworden, ein Zeichen seiner Präsidentschaft zu setzen – indem er das Archiv der Regierung verbrannte. Zusammen mit den Verträgen, Gesetzestexten und Akten wurden auch die Unterlagen über alle Quastenflosser vernichtet, die in den vergangenen fünf Jahren, seit die Franzosen die Inseln verlassen hatten, gefangen worden waren. In der Geschichte des Quastenflossers sind die Regierungsjahre Soilihs seitdem ein weißer Fleck.

Ali Soilih wurde 1978 von einer Söldnertruppe unter der Führung des berüchtigten Söldners Bob Denard gestürzt, der von Ahmed Abdallah, dem ersten Präsidenten der Komoren, angeheuert worden war. In den folgenden elf Jahren waren Denard und seine Männer ständig auf den Inseln präsent, um ihre Sicherheit zu überwachen. Mit der Zeit wurden sie von der Mehrheit der Bevölkerung gefürchtet und gehaßt. Robin Stobbs, ein Experte für Quastenflosser, berichtete von seiner Reise mit einer Forschungsexpedition des Smith Institute auf die Komoren. »Wir saßen in einem ziemlich leeren Flugzeug, als ein distinguierter, grauhaariger Mann aus der ersten Klasse kam, uns fragte, wer wir seien, und sich als Colonel Bako [Denards Pseudonym auf den Komoren] vorstellte. Erst später wurde uns klar, wer er wirklich war.«

Der Gruppe des Smith Institute wurde eine Eskorte der von Söldnern angeführten Wache des Präsidenten zugeteilt. »Ich konnte mir zuerst nicht erklären, weshalb sich die Einheimischen so unkooperativ zeigten«, fuhr Stobbs fort. »Aber als wir sie ohne die Söldner trafen, wurden sie aufgeschlossener.«

Auch für den Explorers Club unter der Leitung von Jerome Hamlin, dessen Begeisterung für den Quastenflosser ungebrochen war, standen Abenteuer und Unruhe auf der Tagesordnung. Hamlin hatte in Yale Philosophie studiert und den ersten Hausroboter erfunden. Sein Interesse für den Quastenflosser war 1984 geweckt worden, als er als Photograph an einer Walfangexpedition des New York Aquarium teilgenommen hatte. »Ich fand das alles sehr spannend, und am Ende fragte ich einige der Experten und Beobachter, was das lohnenswerteste und in wissenschaftlicher Hinsicht wertvollste Fangobjekt wäre. Sie antworteten, ›der Quastenflosser‹.«

Dieser Verlockung konnte Hamlin nicht widerstehen. Im Jahr 1986 reiste er zum ersten Mal auf die Komoren, um herauszufinden, wie die Chancen zum Fang eines lebenden Quastenflossers für das New York Aquarium standen. Zwei Tage nach seiner Ankunft trank er im Hotel Coelacanthe gerade Tee, als einer der Kellner verkündete, daß ein Quastenflosser gefangen worden sei. »Wir rasten mit klopfendem Herzen hinunter an den Strand«, erzählt er. »Der Fisch war tot, aber noch nicht lange, und seine Augen glühten noch. Ich habe niemals ein wundervolleres Geschöpf gesehen. Wir kauften ihn dem Fischer ab und überredeten den Küchenchef des Hotels, ihn in seinem Gefrierschrank aufzubewahren. Von diesem Augenblick an achtete ich darauf, daß ich nicht den ›Fisch von der Tageskarte‹ bestellte.«

Einige Tage später wurde er von einem Klopfen an der Tür seines Bungalows und den aufgeregt geflüsterten Worten: *»Un coelacanthe vivant«* geweckt. Er ließ sich an den Strand bringen, wo ein Fischer mit einem noch lebenden Quastenflosser wartete, den er an seinem Boot festgebunden hatte. Hamlin kletterte in das Kanu und versuchte, den Fisch daran zu hindern, gegen die Bordwand des Bootes zu stoßen. Dann legte er eine zusammengefaltete Mülltüte über die Augen des Fisches, um ihn vor der aufgehenden Sonne zu schützen. »Sobald ich den Fisch sah, dachte ich überhaupt nicht mehr daran, ihn zu photographieren«, erinnert sich Hamlin. Er ließ den französischen Taucher Jean-Louis Gerard kommen, der mit dem Fisch hinunterschwamm und ihn mit einem Seil, das durch seinen Unterkiefer geführt war, auf dem Meeresboden festband. Bedauerlicherweise überlebte der Quastenflosser dieses Abenteuer nicht und verendete in der Nacht. Er wurde in die amerikanische Botschaft gebracht, wo er zusammen mit der Leiche eines amerikanischen Kindes, das an Malaria gestorben war, im Gefrierschrank aufbewahrt wurde, bis der nächste Flug ging und er in in einer Kiste, die mit eigens aus Frankreich eingeflogenem Trockeneis ausgelegt war, nach Amerika transportiert wurde.

Nachdem er zweimal nur knapp sein Ziel verfehlt hatte, konnte Hamlin nicht mehr lockerlassen. Im darauffolgenden Jahr kehrte er mit etlichen Kisten voller Ausrüstung auf die Komoren zurück, darunter ein riesiger Behälter zum Transport des Fisches, Kühleinrichtungen, Sauerstofftanks, tragbare Generatoren und einige Luftkissen. Damals war er nach wie vor davon überzeugt, daß es wichtig sei, einen lebenden Fisch in Gefangenschaft beobachten zu können, um etwas über seine Lebensweise und Haltung herauszufinden. Mit einem Team des New York Aquarium fuhr er Tag und Nacht hinaus aufs Meer, doch ohne Erfolg. »Aber ich dachte gar nicht daran aufzugeben«, sagte Hamlin. »Ich war fest entschlossen, so lange wiederzukommen, bis ich einen Fisch gefangen hatte, und ich traf die Vorbereitungen, um die Einrichtungen für ein Team zur Beobachtung des Quastenflossers vor Ort zu schaffen. 1987 fiel mir im Hotel eines Nachmittags ein Komorer auf, der am Swimmingpool herumlungerte. Wir kamen ins Gespräch, und ich erfuhr, daß er einige Tage in der Woche als Sicherheitsbeauftragter für das Hotel arbeitete und Mombassa hieß, nach der Stadt, in der er einige Jahre zuvor Boxer gewesen war. Er hatte außerdem in zwei Filmen mit John Wayne mitgespielt – er war der Safariführer in *Hatari.*« Mombassa war auf den Komoren eine berühmte Persönlichkeit und hatte im Jahr zuvor für ein japanisches Expeditionsteam gearbeitet, das auf der Jagd nach dem Quastenflosser gewesen war. Hamlin heuerte ihn als Organisationsleiter an, und in den nächsten zehn Jahren stand ihm Mombassa zur Seite.

Im Jahr 1988 kehrte Hamlin auf die Komoren zurück, um einen erneuten Versuch zu unternehmen. Dieses Mal arbeitete er ohne die Unterstützung des New York Aquarium. Eine Reihe von Mißverständnissen hatte zu heftigen Auseinandersetzungen geführt, woraufhin das Aquarium sich aus dem Projekt zurückgezogen hatte und Hamlin nun seinen eigenen (häufig außergewöhnlichen) Einfällen folgen konnte.* Er war von dem Gedanken besessen, daß er den Quastenflosser retten mußte, und zu diesem Zweck setzte er sich den Schutz anstelle des Fangs zum Ziel. »Ich hatte vor, den Fisch in Eisenkäfigen bis auf Fangtiefe zurückzubringen, in der Hoffnung, ihn am Leben erhalten zu können«, erklärte er. Fünfmal wurden gefangene Exemplare in eine Tiefe von dreißig bis fünfzig Metern zurückgebracht. Einer der Fische überlebte fünf Tage lang, während deren er von Tauchern mit Hühnerfleisch gefüttert wurde, bevor er, wahrscheinlich infolge des Angriffs durch

* Ein Kollege Hamlins hatte in einer Anglerzeitschrift eine Anzeige aufgegeben, mit der Freiwillige zur Überwachung des Quastenflosser-Projekts auf den Komoren gesucht wurden. Mehrere Wissenschaftler verstanden diese Anzeige als Hinweis darauf, daß das New York Aquarium aktiv nach Quastenflossern fischen wollte. Nachdem in der New York Times wütende Briefe hin und her gingen, stieg das Aquarium aus. Später schloß Hamlin Frieden mit den Wissenschaftlern.

einen Aal, verendete. Ein zweiter biß Jean-Louis Gerard in die Hand, und ein dritter ging verloren, nachdem Mombassa am Strand eingeschlafen war und nicht bemerkt hatte, daß die Markierungsboje verschwunden war.*

Im Jahr 1989 kam Hamlin einen Tag nachdem ein Quastenflosser gefangen und ins Meer zurückgebracht worden war, auf den Komoren an. Er begab sich direkt vom Flughafen in das Dorf, wo er feststellen mußte, daß der Fisch bereits verendet war. Sein Maul zeigte großflächige gelbe Verfärbungen, die vermutlich entstanden waren, als er mit seinem Kopf gegen das Gitter gestoßen war. Diese offensichtlichen Anzeichen von Streß brachten Hamlin dazu, die Idee mit den Käfigen zu verwerfen und zu »passiven Methoden« überzugehen. Am Strand von Itsandra richtete er in einem Zelt ein dreitausend Liter fassendes, gekühltes Aquarium ein, über das Mombassa die Aufsicht führte. Die ersten zwei Fische, die er nach dem Fang in seinen Besitz bringen konnte, wurden schnellstens zu diesem Aquarium gebracht, aber beide verendeten, bevor sie dort ankamen. Ein im Jahr 1995 gefangener Quastenflosser lebte noch zehn Stunden lang in dem Behälter, nachdem er zuvor bereits fünfzehn Stunden an der Meeresoberfläche überlebt hatte. Danach wurden die Versuche eingestellt, und der Tod Mombassas, der 1997 bei einem Verkehrsunfall starb, setzte Hamlins verzweifelten Bemühungen vorläufig ein Ende.

Weiterhin reisten Expeditionen aus dem Ausland an, mit dem erklärten Ziel, ein lebendes Exemplar zu fangen. Ein amerikanisches Aquarium bot vierzigtausend Dollar für einen lebenden Quastenflosser, während im Jahr 1989 das Toba-Aquarium in Japan den bis dahin ehrgeizigsten – und sicherlich teuersten – Versuch startete, zwei lebende Exemplare zu fan-

* Einem Gerücht zufolge soll dieser Quastenflosser von Söldnern gestohlen worden sein.

gen. Das mehrere Millionen Dollar teure Projekt, das von Mitsubishi gefördert wurde, verfügte über ein Forschungsschiff mit ferngesteuerten Unterwassersystemen, eigens entwickelte Fallen und eine Mannschaft von Fischern aus Japan und von den Philippinen. Aber auch dieses Unternehmen scheiterte.

Ungefähr zur gleichen Zeit begannen beunruhigende Gerüchte die Runde zu machen. Es hieß, der Quastenflosser habe Eingang in die chinesische Zauberkunde gefunden, und korrupte chinesische Kräuterheiler versprächen, daß ein Tropfen der Flüssigkeit aus der Chorda dorsalis unsterblich mache. Anscheinend kauften japanische Mittelsmänner die Quastenflosser auf dem Schwarzmarkt und verkauften sie an chinesische Ärzte weiter, die den Gerüchten zufolge für einen einzigen Tropfen der Flüssigkeit den unglaublichen Preis von eintausend Dollar verlangten. Da der Körper eines Quastenflossers ungefähr drei Liter dieses klaren bernsteinfarbenen Öls enthält, machte ihn dies zu einem außergewöhnlich wertvollen Fisch. Den Wissenschaftlern ging plötzlich auf, daß der Quastenflosser in Gefahr war, ausgerottet zu werden. Obwohl niemand die genaue Größe der Population berechnen konnte, schien sie zu schrumpfen. Was J. L. B. Smith 1956 in seinem Brief an die *Times* vorhergesagt hatte, bewahrheitete sich: Das »offensichtlich sinnlose Gemetzel« an Quastenflossern auf den Komoren drohte die gesamte Spezies auszulöschen. Und deren Blut würde an den Händen der Wissenschaftler kleben. Sie erkannten, daß man dem Schutz Vorrang vor dem Fangen geben mußte.

Geo

Ein deutscher Forscher und sein U-Boot

1975 kam ein junger deutscher Wissenschaftler auf die Komoren, um nach dem Quastenflosser zu tauchen. Nach einigen fehlgeschlagenen Versuchen sagte er zu seiner Frau: »Das nächste Mal komme ich mit einem Unterseeboot!«

Das war nicht als Witz gemeint. Hans Fricke hatte einen lebenden Quastenflosser sehen wollen, seit er als Jugendlicher J. L. B. Smiths Buch *Vergangenheit steigt aus dem Meer* gelesen hatte. Schon in frühester Jugend hatte er sich für das Meeresleben und Fische begeistert und liebte das Tauchen, wenn er auch nur selten Gelegenheit dazu hatte. »Ein Korallenriff zu sehen war mein größter Wunsch«, erklärte er. »Ich wußte, daß ich mir diesen Wunsch nicht erfüllen konnte, solange ich in Ostdeutschland lebte, also mußte ich fliehen.« 1961, ein Jahr nachdem er Smiths Buch gelesen hatte, verließ der damalige junge Marinekadett Fricke seine Familie und bestieg einen Zug nach Westberlin. Die Berliner Mauer wurde gerade errichtet, und er wußte, daß es ernsthafte Folgen nach sich ziehen würde, wenn er von der Polizei erwischt würde, die in dem Zug patrouillierte und die Papiere der Fahrgäste überprüfte. Er schlüpfte in ein Abteil, das für Frauen und Kinder reserviert war, um sich zu verstecken – und sah dort einen hochrangigen Offizier mit seinen beiden Töchtern sitzen. »Ich setzte mich neben ihn und fing ein Gespräch mit ihm an. Als die Polizisten zu unserem Abteil kamen, bemerkten sie den hohen Rang des Offiziers und gingen weiter, ohne stehenzubleiben. Sie müssen mich für seinen Sohn gehalten haben.«

Fricke schaffte es in den Westen. Er ging noch einmal auf die Universität, da sein in der DDR erworbener Abschluß in Westdeutschland nicht anerkannt wurde. Nachts verkaufte er Zeitungen in den Nachtklubs, Bars und Bordellen der Stadt. »Die Frauen waren alle sehr charmant«, erinnert er sich mit einem Lächeln. »Sie waren nett zu mir, weil ich wie sie auf der Straße arbeitete. Ich erinnere mich, daß ich einmal furchtbar müde war, es war schon fünf Uhr morgens, aber ich mußte noch fünfzig Zeitungen verkaufen. Ich ging in ein Striptease-Lokal, und eine der Tänzerinnen dort hatte Mitleid mit mir und kaufte mir alle meine Zeitungen ab – sie kam dabei nicht einmal aus dem Takt.«

Von dem Geld, das er mit seiner nächtlichen Arbeit verdiente, fuhr er 1961 ans Rote Meer und sah zum ersten Mal in seinem Leben ein Korallenriff. Damit war es um ihn geschehen. Schon im nächsten Jahr kam er wieder – er fuhr mit dem Fahrrad durch halb Europa bis nach Griechenland, von dort mit der Fähre nach Alexandria und weiter mit dem Fahrrad zum Roten Meer. Insgesamt legte er mehr als 16 000 Kilometer zurück, holte sich eine entkräftende Darmgrippe und verlor fast zwanzig Kilo, aber das tat seiner Freude keinen Abbruch. Von da an kam er jedes Jahr wieder, um das exotische Riffleben zu erforschen und zu photographieren.

Seinen Wunsch, einen lebenden Quastenflosser zu sehen, vergaß er allerdings nie. 1968 begann er bei Konrad Lorenz am Max-Planck-Institut für Verhaltensphysiologie in dem kleinen bayerischen Dorf Seewiesen zu arbeiten, und ein Jahr später ging er auf Forschungsreise nach Nosy-Bé bei Madagaskar. »Dort lernte ich den französischen Wissenschaftler Raphael Plante kennen, und zusammen mit ihm tauchte ich an der Westküste von Madagaskar nach dem Quastenflosser. Aber wir hatten natürlich kein Glück.« Auf dem Rückweg nach Europa legten sie einen Zwischenaufenthalt auf den Komoren ein und stiegen im Hotel Coelacanthe in Moroni ab. Von dort aus tauchten sie erneut nach dem flüchtigen Fisch – wieder ohne Erfolg. Als Fricke sechs Jahre später wieder auf die Komoren reiste, dieses Mal mit seiner Frau Simone, beschloß er, das nächste Mal mit einem U-Boot wiederzukommen.

Die Liebe der Meeresbiologen zu Tiefseegefährten hatte fünfundvierzig Jahre früher begonnen, als William Beebe von der New York Zoological Society auf eine Möglichkeit sann, die Tiefen des Ozeans zu erkunden. Nachdem er jahrelang ein kleines Unterwassergebiet vor den Bermudainseln erforscht und in seinen Netzen mehr als 115 000 Meerestiere – Vertreter von 220 Spezies – hochgezogen hatte, wurde seine Unzufriedenheit mit den begrenzten Möglichkeiten dieses Verfahrens immer größer. Die Fische, die er sammelte, stellten bestenfalls eine kleine Auswahl aus dem reichhaltigen Angebot seines Meeresfleckchens dar, und er wußte, seine Entdeckungen waren buchstäblich kaum mehr als ein Tropfen in dem riesigen Ozean. Daher beschloß er, eine Maschine zu erfinden, die ihn in die Meereswelt brachte, damit er vor Ort beobachten konnte, wo und wie diese Wesen lebten.

Ende der zwanziger Jahre entwickelte Beebe das erste Bathscaphe (griech. *bathys*, tief). Es handelte sich hierbei um eine Stahlkugel, die so konstruiert war, daß sie dem hohen Druck, der in der Tiefe herrscht, standhielt. Die Wände des Bathyscapewaren aus dreieinhalb Zentimeter dickem Stahl gefertigt, die Fenster aus solidem Quarzglas hatten einen Durchmesser von fünfzehn Zentimetern und waren siebeneinhalb Zentimeter dick. Es hatte einen Hohlraum, der gerade groß genug war, daß zwei Menschen darin Platz fanden, wenn sie sich zusammenkauerten. Mit seinen spinnenartigen Beinen und den Kabelanschlüssen war es mannshoch, die Einstiegsluke wurde mit einer zweihundert Kilo schweren Klappe verschlossen, und außen war ein Scheinwerfer montiert, der an- und ausgeschaltet werden konnte. Es war mit Sauerstofftanks ausgerüstet, und das Kohlendioxid wurde mit Hilfe von Chemikalien neutralisiert, die sich in einer Schale befanden, über die Beebe regelmäßig mit einem Palmwedel fächelte, um die Reaktion zu beschleunigen.

Das Bathyscaphe wurde an einem Stahlseil in das oft sehr unruhige Meer hinabgelassen, während Beebe und ein Kollege darin saßen, und beide beobachteten, wie die sie umgebende Welt ein immer tieferes Blau annahm. Von seinen, ersten Tauchversuchen im Juni 1930 an war Beebe von jener Welt gefangen, die er als erster lebender Mensch sah. »Auf der Erde kann man sich selbst nachts bei Mondlicht vorstellen, wie das Gelb des Sonnenscheins und das Rot der Blüten aussieht«, schrieb er in *Half Mile Down*, dem anschaulichen Bericht über seine Unterwasserexpeditionen. »Aber wenn hier das Suchlicht ausgeschaltet war, waren Gelb und Orange und Rot nicht mehr denkbar. Das Blau, das den ganzen Raum ausfüllte, verhinderte jede Vorstellung von einer anderen Farbe.«

Er sah alle möglichen Arten seltsamer und wunderbarer Lebewesen, viele, die man bislang weder kannte noch sich auch nur vorstellen konnte. Da gab es Fische und Quallen von merkwürdiger Gestalt, die von ihrem eigenen flackernden Licht beleuchtet wurden. Auf einer Fahrt sah er einen riesigen Fisch mit großen Augen, der sein Maul aufgesperrt hatte und seine Fangzähne entblößte, die mit leuchtendem Schleim bedeckt zu sein schienen. Sein Körper war mit phosphoreszierenden blaßblauen Flecken gesprenkelt, während zwei von seinem Kopf herabhängende Tentakeln in einem roten und in einem blauen Lichtpunkt mündeten.

1934 tauchte er in die Rekordtiefe von achthundert Metern hinunter – viele Male tiefer, als es andere Menschen bisher gewagt hatten, sei es mit einem Helmtaucher oder in einem Unterseeboot. Dort unten sah er ein Wesen, das sich lautlos durch das dunkle Wasser bewegte. Es war fast sieben Meter lang und sehr breit, scheinbar farblos und ohne Festigkeit, selbst eine klare Umrißlinie fehlte ihm. Er war nie imstande, dieses seltsame schlangenartige Wesen zu identifizieren – bis heute weiß man nicht, was er da gesehen hatte –, und schloß, daß das Wissen des Menschen über die Tiefen des Meeres noch immer äußerst begrenzt war.

Nachfolgende Generationen von Meeresbiologen eiferten Beebe nach und bauten weitere Tauchboote, um immer tiefere Teile des Ozeans zu erkunden, wo ihnen eine große Zahl neuer und außergewöhnlicher Spezies begegnete. Diese Begeisterung erfaßte sogar die Öffentlichkeit, was zum Teil Jules Vernes faszinierendem Roman *Zwanzigtausend Meilen unter dem Meer* zu verdanken war, aber auch Jacques Cousteau, der für seine Filme über das Unterwasserleben berühmt wurde.

Schon bald nach seiner Rückkunft von den Komoren im Jahr 1975 sah sich Hans Fricke nach einer Möglichkeit um, ein Tauchboot zu heuern. Aber erst drei Jahre später ging er seine große Unternehmung ernsthaft an. Auf einer Konferenz in Genf lernte er Jacques Piccard kennen, der in seinem Tauchboot in eine Rekordtiefe von über 1100 Metern hinabgestiegen war. Piccard bot Fricke an, ihn auf eine Tauchfahrt im Genfer See mitzunehmen, und als sie wieder an die Oberfläche kamen, wandte sich Fricke zu ihm um und sagte: »Das möchte ich in Zukunft auch machen.«

Zunächst suchte Fricke nach einer Möglichkeit, Piccard und sein Tauchboot zum Roten Meer zu bringen, aber das erwies sich als viel zu teuer. »Also hörte ich mich um, ob ich ein Unterseeboot erwerben könnte. Aber auch das war zu kostspielig«, erinnerte er sich. »Bald wurde mir klar, daß die meisten dieser Maschinen viel zu kompliziert waren und daß man für die Wartung der einzelnen Teile Fachleute benötigte. Ich wollte eine

Maschine, die so einfach war, daß ich sie selbst warten konnte, und deshalb fing ich an, mit Leuten Verbindung aufzunehmen, die Tauchboote bauten.«

Bei seiner Suche lernte er lauter merkwürdige und interessante Menschen kennen, zu denen auch Jaroslav Kahout gehörte, ein tschechoslowakischer Ingenieur, der in der Schweiz lebte. Fricke besuchte ihn in seiner Werkstatt in der Nähe von Zürich und war von seinen Fähigkeiten als Maschinenbauer und seinem Improvisationstalent beeindruckt. Gemeinsam machten sich die beiden daran, ein Zweimann-Unterseeboot zu bauen. Ihnen standen nicht mehr als 130 000 Mark zur Verfügung, die das deutsche Magazin *Geo* aufzubringen versprochen hatte. »Das war sehr, sehr wenig«, erklärte Fricke. »Ich gebrauchte meine Phantasie, und Jaroslav setzte die daraus gewonnenen Ideen in die Realität um. Wir fertigten Modelle des Innenraums an, um herauszufinden, wo die psychologischen Grenzen lagen, das heißt, wie eng er sein durfte, ohne daß die Insassen verrückt wurden.«

Bei dieser Zusammenarbeit kam ein dem Käfer nicht unähnliches gelbes Unterseeboot heraus, das auf den Namen *Geo* getauft wurde. Es hatte abgerundete, flügelähnliche Tauchtanks an der Oberseite und zwei dicke, konvexe Bullaugen, eines vorne und das andere oben, die wie Brillengläser für einen stark Fehlsichtigen aussahen. Außen waren ein Scheinwerfer angebracht, das Gehäuse für eine Kamera und ein langer, krallenähnlicher Greifarm, der von innen gesteuert werden konnte und dazu verwendet wurde, auf dem Meeresgrund Materialien abzuladen und von ihm aufzunehmen. In der Kabine war nur für zwei Leute Platz: Vor dem Piloten saß der Beobachter, dessen Augen auf der gleichen Höhe mit dem Fenster lagen. Das Boot war so entworfen, daß es in eine Tiefe von zweihundert Meter tauchen konnte. Hans Fricke war über sein neues Gefährt begeistert, das die ersten Jahre allerdings fast nur in Europa und am Roten Meer zum Einsatz kam. »Ich hatte den Quastenflosser nicht vergessen«, erzählt er, »aber für dieses Unternehmen würden wir ein Mutterschiff brauchen, und das war nicht leicht zu finden.«

Während eines seiner Aufenthalte am Roten Meer in den frühen achtziger Jahren baute Fricke ein Unterwasserhaus. Darin verbrachte er in einer Tiefe von elf Metern achtzehn Tage ohne Unterbrechung. Das Gebilde war sechsundzwanzig Tonnen schwer, es verfügte über einen Naß- und einen Trockenraum, in den von der Küste Luft gepumpt wurde. Er beobachtete das Verhalten von Fischen, die noch nie zuvor gesehen worden waren, und schoß wunderbare Photos für *Geo*, machte aber auch Experimente, indem er freischwimmende Objekte im Wasser schweben ließ und zusah, wie die Fische davon angezogen wurden. »Das war das erste FAD – Fish Attracting Device –, das später kommerzialisiert wurde und in den späten achtziger Jahren auf den Komoren äußerst erfolgreich war«, erklärte er.

Fricke hatte das Unterwasserhaus zusammen mit einem Freund, Gerd Helmers, gebaut, der zum größten Teil die Stahlarbeiten ausgeführt hatte. Fricke erzählte ihm davon, daß er das Tauchboot *Geo* zu den Komoren mitnehmen wollte, und von den Problemen, denen er auf der Suche nach einem passenden Mutterschiff begegnet war. Helmers erwies sich wirklich als guter Freund, als er ihm anbot, eine Yacht zu bauen. Der Bau des zweimastigen Schiffes *Metoka* dauerte länger als der von *Geo*, wurde 1985 aber schließlich beendet. Jürgen Schauer, ein Kollege Frickes vom Max-Planck-Institut, war mit an Bord, als das Schiff von der Londoner Werft in Richtung Eilat am Roten Meer in See stach, wo Fricke und die *Geo* warteten, um erste Probefahrten zu unternehmen. Anschließend segelte Schauer auf die Komoren, wozu er drei Monate brauchte, und traf dort er am Weihnachtsabend 1986 mit Fricke und Raphael Plante zusammen, um zum ersten Mal mit einem Tauchboot nach dem Quastenflosser zu suchen.

»Dieses Unternehmen kostete vielleicht Nerven«, gestand Fricke ein. »Ich hatte die Deutsche Forschungsgemeinschaft und die Zeitschrift *Geo* davon überzeugt, uns hohe Stipendien für diese Expedition zu gewähren, aber es war keineswegs eine abgemachte Sache, daß wir Erfolg haben würden. Das Ganze war ein Schuß ins Blaue. Natürlich hatte ich alle Möglichkeiten sehr genau geprüft und war relativ sicher, daß ich es schaffen würde, aber es blieb immer noch ein Risiko: Wenn man ein so hohes Forschungsstipendium erhält und dann scheitert, bekommt man sein Leben lang keinen Fuß mehr auf den Boden.«

Die Zeichen standen nicht gut. Einen Tag nach Ankunft der *Metoka* auf Grande Comore schlug das Wetter um, und während der nächsten Wochen hatte das Expeditionsteam mit tropischen Stürmen, sintflutartigen Regenfällen und einem tosenden Meer zu kämpfen. Sie waren gezwungen, Tage auf dem »trockenen« Land zu verbringen. Sie saßen in einem kleinen Café in Moroni, der heruntergekommenen Hauptstadt der Komoren, und blickten auf das wütende olivgrüne Meer, das gegen die Hafenmauern brandete. Um sie herum nahm alles seinen normalen Gang: Unbeeindruckt vom jahreszeitlich bedingten Monsun saßen die komorischen Frauen in ihren bunt gemusterten Kleidern auf dem alten Markt vor kleinen Haufen von Früchten und Gemüse, Plastikbeutel dienten ihnen als unzureichender Schutz vor der niedergehenden Sintflut. Kinder sprangen in den engen Gassen der Medina herum, und alte Männer in langen weißen Gewändern spielten auf dem Platz mit ernsten Mienen Domino unter einem großblättrigen Mangobaum. Schließlich ließ der Regen so weit nach, daß Fricke das erste Mal im Hafen von Moroni, über dem sich die würdevolle Freitagsmoschee aus dem zwölften Jahrhundert erhob, tauchen konnte. Praktisch die ganze Stadt war gekommen, um zuzusehen. »Wir gingen zweihundert Meter tief runter – die maximale Tauchtiefe der *Geo* – und sahen dort, was die nächsten drei Wochen zum gewohnten Anblick werden sollte: nichts – sandigen Boden, aus vulkanischem Gestein geformte Höhlen und kaum Meeresleben. Es war in dieser Tiefe nicht dunkel, nur ein wenig dämmrig, wenn der Himmel bedeckt war.«

Sie tauchten an zahlreichen Stellen im Umkreis der siebenundfünfzig Kilometer langen Insel und verbrachten viele Stunden damit, unter Wasser herumzuschwirren – immer noch nichts. Gelegentlich sahen sie Korallen mit feinen, gitterartigen Fächern, die erzitterten, wenn sie einer der bunten Fische oder Krebse berührte. Aber die meiste Zeit wanden sie sich durch dämmrige und stille Schluchten, wo nur wenige Lebewesen zu sehen waren. »Die ganze Zeit haben wir erwartet, den auf dem Meeresboden liegenden Quastenflosser zu sehen«, erinnert sich Fricke. »Damals dachte jeder noch, daß er sich auf seine Flossen wie auf Beine stützte. Ich glaubte zwar nicht, daß sich all die berühmten Professoren geirrt hatten, aber ich hatte den Verdacht, daß der Quastenflosser nicht unter Wasser herumlaufen würde. Seine Flossen sahen einfach nicht wie die eines bodenbewohnenden Fisches aus. Ich mag ja kein Fachmann für die Bewegungsabläufe von Fischen sein, aber ich habe in meinem Leben schon viele Fische gesehen und war deshalb einfach überzeugt, daß er eher wie ein Fisch ist!«

Einmal tauchten sie vor der Küste des altertümlichen Dorfes Iconi, als Jürgen Schauer, der Pilot der *Geo*, vorschlug, einen Blick in eine Höhle zu werfen. Fricke wandte ein, daß ein so großer Fisch nicht in Höhlen lebte, also verzichteten sie darauf. Sie befragten die Fischer jedes Küstendorfes, in das sie kamen, und waren beeindruckt, wie genau sie die Meerestiefe zu schätzen vermochten. Sie erfuhren auch, daß bisher fast alle Quastenflosser an der Westküste von Grande Comore und immer in der Nacht gefangen worden waren. Nachdem sie die Topographie des Meeresbodens auf beiden Seiten der Insel untersucht hatten, stellte Fricke die vernünftig erscheinende Hypothese auf, daß der Quastenflosser die Westküste bevorzugte, weil diese aus Lavagestein bestand, das sich nach Vulkanausbrüchen in jüngerer Zeit gebildet hatte und stark zerklüftet war. Daher konzentrierten sie ihre Anstrengungen auf die westliche Seite.

»Nach einigen Wochen wuchs unsere Verzweiflung, weil wir immer noch keinen Quastenflosser gesehen hatten. Wir waren ständig auf Tauchfahrt, selbst während eines Zyklons, der alles zu zerstören drohte. Es war, als ob wir in einem ständigen Kampf gegen das Meer stünden.« Die Zeit wurde allmählich knapp, und schließlich war Fricke gezwungen, nach Europa zurückzukehren, nachdem er vierzigmal getaucht war, ohne einen einzigen Quastenflosser gesehen zu haben. Jürgen Schauer sollte noch fünf Tage bleiben, um noch weitere Tauchfahrten zu unternehmen. Sie hatten sich entschlossen, nur noch nach Einbruch der Dämmerung zu tauchen, weil die Fische nur nachts gefangen worden waren. In der Nacht, in der Fricke abreiste – genauer gesagt, als er am Flughafen auf seinen verspäteten Flug wartete –, tauchten Schauer und ein junger Student namens Olaf vor der Küste in der Nähe des Dorfes Singani, wo 1977 die letzte Eruption des Karthala stattgefunden hatte.

»Das Gebiet beeindruckte mich sehr«, erinnert er sich. »Es sah so geheimnisvoll aus – genau wie der Fisch. Wir gingen abends um halb neun runter, und eine halbe Stunde später sahen wir den ersten Quastenflosser am Rand des Scheinwerferkegels. Ich hielt die Luft an. Es war sehr, sehr aufregend, einer dieser ganz besonderen Momente im Leben.« Er war fasziniert von den großen, leuchtenden Augen des Fisches, seinem riesigen Maul und seinen zarten Rückenflossen, die er wie einen antiken Papierfächer ausgebreitet hatte. »Wir mußten unbedingt herausfinden, wie er sich verhalten würde, wenn er ein großes gelbes Unterseeboot sah«, fuhr Schauer fort. »Wir näherten uns ihm sehr langsam, und plötzlich, direkt vor unserem Fenster, machte er einen Kopfstand – stand einfach da, die Nase nach unten, und bewegte seine Flossen langsam und graziös im Wasser hin und her, beinahe in Zeitlupe. Es bot einen wunderschönen Anblick, fast wie der Tanz einer Ballerina.«

Unglücklicherweise gab es eine kleine Explosion, als er versuchte, die Videokamera einzuschalten, er konnte also nur Photos machen. Nach ungefähr zwanzig Minuten trug die Strömung die *Geo* zu nahe an den tanzenden Fisch heran und drängte ihn gegen einen Felsen. Mit einer schnellen Bewegung glitt er an dem Tauchboot vorbei und verschwand in der Dunkelheit. Als er gegen das Metall schlug, löste sich eine seiner Schuppen, die Schauer mit dem Greifarm auffangen konnte. Als das Tauchboot an die Oberfläche kam, sprang er ins Wasser, holte die Schuppe und steckte sie in seine Tasche, bevor er sich zur *Metoka* hochzog. »Die Stimmung auf dem Schiff war schlecht. Der Kapitän und die Mannschaft hatten die Hoffnung schon fast aufgegeben und erledigten nur noch ganz mechanisch ihre Pflicht. Olaf und ich hatten vereinbart, erst einmal nichts zu erzählen, wir machten also unsere Arbeit und taten so, als sei nichts Besonderes passiert. Nach einer halben Stunde schnappte ich mir den Kapitän und sagte: ›Wir haben ihn!‹ Er glaubte mir nicht, und wir hatten auch keinen Film, um es zu beweisen, daher holte ich die Schuppe raus und zeigte sie ihm. Diese Schuppe liegt noch immer in meiner Schatzkiste.«

Am nächsten Tag erreichte Schauer endlich Hans Fricke in Deutschland, der natürlich über die Nachricht hocherfreut war. »Ehrlich gesagt, war ich vor allem erleichtert. Das Unternehmen war gerettet, und jetzt würden wir auch Geld für eine zweite Expedition bekommen. Es machte mir nichts aus, daß ich ihn nicht selbst gesehen hatte. Ich war einfach nur glücklich, daß wir schließlich doch noch einen gefunden hatten.« In den folgenden Nächten entdeckte Schauer noch zwei Quastenflosser, die er mit einer geliehenen Kamera aufnahm. »Als ich Jürgens Filme das erste Mal sah«, berichtet Fricke, »fiel mir ein riesiger Stein vom Herzen. Sie waren toll, ganz einfach toll.«

»Wenn ich ehrlich sein soll, dann muß ich sagen, daß die Suche nach dem Quastenflosser vor allem ein Abenteuer und eine Herausforderung war. Ich wußte, daß er irgendwo da unten sein mußte, und die Suche nach ihm machte Spaß und war spannend. Ihn dann zu finden und damit etwas zu erreichen, was Wissenschaftler seit einem halben Jahrhundert versucht hatten, war aufregend, wirklich sehr aufregend.«

Im April 1987 kehrte das Team zurück, und wieder war schlechtes Wetter. Sie tauchten nur nachts, wenn es am schlimmsten war: Riesige Wogen schlugen gegen das Schiff und machten das Herablassen und Hochziehen der *Geo* zu einem schwierigen und gefährlichen Unternehmen. Sie verbrachten Wochen damit, das Schiff langsam durch das schwarze Wasser zwischen steilen und öden Lavafelsen hindurchzusteuern. Dort bekam Fricke zum ersten Mal einen Quastenflosser zu Gesicht, einen kleinen, nahezu vollkommenen Fisch, den er Nico taufte und als seinen »Sohn« bezeichnete. In den nächsten Wochen beobachteten sie noch drei weitere Fische und folgten ihnen – einem davon sechs Stunden lang. Fricke war fasziniert von den Bewegungen des Quastenflossers: Auf den ersten Blick sah es so aus, als würde er seine vielen Flossen vollkommen unkoordiniert bewegen. Aber wenn man genauer hinsah, erkannte man, daß der Fisch seine Flossen diagonal bewegte – also die linke vordere Flosse und die rechte hintere und andersherum –, ähnlich der Gangart des Pferdes oder der Eidechse. Er widerlegte auch einen der sich hartnäckig haltenden Mythen um den Quastenflosser: daß dieser nämlich seine gelappten Flossen als Füße gebraucht und auf dem Meeresboden herumspaziert. »Auch wenn wir einige Exemplare gesehen haben, die sich mit ihren Flossen auf dem Meeresboden abstützten«, schrieb er 1987 in *National Geographic* nach der Rückkehr von seiner Reise, »sahen wir nie einen gehen, und wahrscheinlich ist der Fisch dazu auch gar nicht imstande.« Es scheint so, als sei der Name *Old Fourlegs*, alter Vierbeiner, nicht ganz passend.

Sie sammelten genug Filmmaterial für einen zauberhaften Film, der den Quastenflosser endlich in seiner natürlichen Umgebung zeigte und die Anmut seiner Bewegungen erkennen ließ, die niemand bei einem so großen und – zumindest äußerlich – plumpen Fisch erwartet hätte. In seinem Erscheinungsbild und seinen Bewegungen glich er keinem anderen Fisch: Er wedelte mit seinen ausgebreiteten Flossen wie eine japanische Fächertänzerin und stand wie ein Turner auf dem Kopf. »Ich sage immer, er ist ein Lebewesen, das nicht in unsere Meereswelt paßt«, sagte Fricke. »Es ist ein ganz besonderer Fisch.«

Sein Film und seine Beobachtungen trugen jedoch nur noch zu dem Geheimnis um den Quastenflosser bei und warfen ebenso viele Fragen auf, wie sie beantworteten. Wo war der Fisch tagsüber? Warum stellte er sich auf den Kopf? Wie ernährte und vermehrte er sich? Wie viele Quastenflosser gab es im Gebiet um die Komoren, und konnten sie auch anderswo leben? Fricke wußte, daß er zurückkehren mußte, wenn er Antworten auf diese Fragen finden wollte. Er vermutete, daß der Fisch die Tage in größerer Tiefe verbrachte, und wenn das zutraf, dann würde er ihn nicht von der *Geo* aus sehen können. Er beschloß, ein weiteres Tauchboot zu bauen, mit dem er in noch größere Tiefen hinabsteigen konnte. Sobald er wieder in Deutschland war, begann er Entwürfe zu zeichnen, aber es sollte zwei lange Jahre dauern, bis er auf die Komoren zurückkehren konnte, um seine Forschungen fortzusetzen.

1988 nahm Fricke die Einladung von Margaret Smith an, in Grahamstown einen Vortrag über den Quastenflosser zu halten. Seit er damit begonnen hatte, Expeditionen zu planen, um nach dem Quastenflosser zu tauchen, war er in enger Verbindung mit Margaret Smith und ihrem Team am Institut für Ichthyologie in Grahamstown gestanden, das noch immer ein Zentrum der Quastenflosser-Forschung war. Er freute sich sehr darauf, die Witwe von J. L. B. Smith persönlich kennenzulernen. In den zwei Jahrzehnten seit dem Tod ihres Ehemannes hatte Margaret Smith für sich selbst Berühmtheit erlangt.

»Ich war immer ein Mensch, der dankbar war für alles, was ihm zuteil wurde«, schrieb sie einmal. »Mir war bewußt, was für ein ungeheures Privileg es war, das Leben und die Arbeit eines der bedeutendsten Männer Südafrikas zu teilen – es war mir in den neunundzwanzig Jahren und neun Monaten unserer Ehe jeden Tag bewußt, und ich bedauerte es nie. Ich wußte, daß ich aufgrund des großen Altersunterschiedes von neunzehn Jahren wahrscheinlich als Witwe zurückbleiben würde – als ich ihn heiratete, waren ihm noch fünf Jahre gegeben worden, aber uns waren dann dreißig Jahre vergönnt, und nur wenige Paare können ein interessanteres und produktiveres Leben als wir gehabt haben.«

Sie trat sofort nach dem Tod ihres Ehemannes dessen Nachfolge an. Leute, die sie vor und nach seinem Tod kannten, erzählen, daß sie sichtlich »aufblühte«. Sie schnitt sich ihren strengen Knoten ab und zog aus ihrem kleinen, eher unbequemen Haus in ein hübsches altes Kolonialhaus um, das sie mit ihrer Schwester Flora teilte. Ihr erstes Ziel war es, das J.-L.-B.-Smith-Institut für Ichthyologie auszubauen. Wie sie bald nach J. L. B.s Tod an seine Schwester Gladys, zu der er selbst keinen Kontakt mehr gehabt hatte, schrieb: »Len hat es zu Lebzeiten immer abgelehnt, ein neues Gebäude für das Institut zu errichten. Er zog es vor, seine Zeit mit Forschungen zu verbringen. Jetzt ist es, als wäre er gar nicht von mir gegangen – ich führe seine Arbeit fort, wie wir es immer vereinbart hatten. Neunundzwanzig Jahre habe ich Tag und Nacht an seiner Seite gearbeitet, und ich hoffe, ich kann beenden, was wir angefangen haben, bevor ich sterbe.«

Sie besuchte ähnliche Institute auf der ganzen Welt und arbeitete nach ihrer Rückkehr nach Grahamstown eng mit dem Architekten zusammen, da sie sichergehen wollte, daß die Einrichtung, die den Namen ihres Mannes trug, vollkommen sein würde. Sie übernahm die Leitung, und ihrer Energie und Beharrlichkeit wie auch dem Namen Smith und der Berühmtheit des Quastenflossers war es zu verdanken, daß sie die nötigen Gelder auftreiben konnte. Später, nachdem sich das Institut einen guten Ruf erworben hatte, drängte sie, daß es als Nationalmuseum anerkannt würde, mit all den finanziellen Vorteilen, die eine solche Anerkennung mit sich bringen würde. Als Leiterin des Instituts gelangte sie bald zu großer Bedeutung: als eine Ichthyologin von Weltklasse, äußerst begabte Illustratorin und internationale Botschafterin für die Wissenschaft.

Margaret Smith blühte auf – sowohl in ihrem Berufs- als auch im Privatleben. Sie begann wieder zu singen und zu musizieren, und sie und Flora veranstalteten ausgelassene Feste, auf denen der Humor manchmal fast ins Derbe abglitt, wie Mike Bruton berichtete, der Margaret Smiths Nachfolger in der Leitung des J. L. B. Smith Institute werden sollte: »Es war fast so, als müßte sie die akademische Fassade niederreißen.«

In der Arbeit wurde sie von ihren »Kindern« verehrt, in ihrem Büro drängten sich ständig Dutzende von Leuten zwischen Schachteln mit Schwesterntrachten und Marken für das Rote Kreuz. J. L. B. Smith mit seiner strengen Arbeitsethik hätte so etwas niemals geduldet. Sie nahm das Komiteeleben auf wie einer ihrer Fische das Leben im Wasser und wurde oft gesehen, wie sie mit ihrem Strickzeug unterm Arm von Sitzung zu Sitzung hastete. »Sie beendete wichtige Sitzungen, um das Baby eines Besuchers zu knuddeln«, erinnert sich Bruton,

»aber sie war ein furchterregender Gegner für jeden Regierungsbeamten oder Akademiker, der ihren Führungsstil kritisierte. Glück und Harmonie waren für sie von ausschlaggebender Bedeutung. Ihre Teegesellschaften waren laute und fröhliche Angelegenheiten, wenn sie von den lustigen Geschehnissen auf ihren früheren Expeditionen erzählte.«

»Das Leben war aufregend, wenn man mit Margaret Smith zusammen war«, erinnert sich Jean Pote, ihre Sekretärin. »Sie war immer Feuer und Flamme, konnte sich für alles begeistern, und das schien auf alle um sie herum abzufärben. Für sie waren die kleinen Dinge des Lebens wichtig – wenn sie beispielsweise von einer Schäferhund-Ausstellung irgendwo auf dem Land hörte, rauschte sie davon und nahm eine Handvoll von ihren Mitarbeitern auf diesen Ausflug mit. Sie spendete zu viel Geld für wohltätige Zwecke und machte darum meistens kein Aufhebens. Wenn von der Straße ein Bedürftiger hereinkam, unterbrach sie die Sitzung, um ihm Geld zu geben. Die geliehene Summe notierte sie in einem kleinen schwarzen Buch, trieb das Geld aber nie wieder ein, wenn der Betreffende es ihr nicht von sich aus zurückzahlte. Sie hat den Menschen Möglichkeiten verschafft.«

Ihre Großzügigkeit wurde ihr aber auch vergolten. Als ein Dieb ihren stadtbekannten Ford gestohlen hatte und damit in die nahe gelegene Township gefahren war, fuhr er ihn, nachdem er erfahren hatte, wem er gehörte, sofort zurück. Und als sie einmal direkt vor dem Institut einen Strafzettel wegen einer Geschwindigkeitsübertretung bekam, zerriß ihn der Polizist, als er sie erkannte. Ihr Sohn William erzählt: »Meine Mutter war eine Heilige, der einzige Mensch, den ich kenne, der im Erdgeschoß in einen Aufzug voller Fremder steigt und, wenn er im dritten Stock angekommen ist, die Namen und Familiengeschichten der anderen kennt und mit allen Freundschaft geschlossen hat. Es war, als wäre sie in den Hintergrund getreten, um von dort aus für meinen Vater zu wirken – und dafür mußte sie einen Preis zahlen. Während ihrer Jugend- und Studentenzeit war sie außerordentlich karrierebewußt, aber als J. L. B. noch am Leben war, mußte sie die zweite Geige spielen. Man kann nicht Windeln wechseln und zugleich eine großartige Wissenschaftlerin sein: und das mit den Windeln hat sie wirklich gut hinbekommen. Aber gleichzeitig hatte sie auch Größe, und die bewies sie im Umgang mit anderen Menschen.«

Margaret Smith lebte ihr Leben mit derselben unbegrenzten Energie wie ihr Mann, aber ohne das ständige Murren. Solange es ihre Gesundheit noch erlaubte, ging sie Fische sammeln. Wie Robin Stobbs erzählt, der sie auf ihrer letzten Reise nach Mosambik begleitete, war sie dabei unermüdlich: »Die endlos langen Tage, an denen wir unter der tropischen Sonne Fische sammelten, aussortierten, mit Schildchen versahen und präparierten, die einen photographierten und die anderen zeichneten und alles für den nächsten Tag vorbereiteten und oft erst weit nach Mitternacht ins Bett gekrochen sind, solche Tage also stellten für Margaret eine ganz gewöhnliche Routine dar, die sie mit nie nachlassendem Enthusiasmus einhielt, den jemand, der nur halb so alt war wie sie, aber nie aufgebracht hätte.« Mit sechzig Jahren lernte sie auf Hawaii sogar noch das Sporttauchen.

1980 wurde sie zur Professorin ernannt, und zwei Jahre später gab sie ihre Stellung als Leiterin des Smith-Instituts auf, um in den Ruhestand zu gehen und sich voll und ganz auf ihr letztes großes Projekt konzentrieren zu können: *Smith's Sea Fishes*. Dieses Buch, das sie mit Phil Heemstra herausgab und die Arbeiten von 72 Wissenschaftlern aus 15 Ländern umfaßte, sollte ein monumentales, endgültiges Werk werden, Nachfolger des früheren Buches über Meeresfische.

Schon als sie das Projekt in Angriff nahm, begann sich ihr einst so stabiler Gesundheitszustand zu verschlechtern. Wegen eines schweren Arthritis-Anfalls mußte sie sich einer Operation unterziehen, bei der eines ihrer Kniegelenke ersetzt wurde. 1985 zog sie sich eine Lungenentzündung, eine Blutvergiftung und eine bakterielle Meningitis zu. Mehrere Stunden lang lag sie im Koma, und man rechnete nicht damit, daß sie wieder daraus erwachen würde. Aber, wie sich Phil Heemstra erinnert, »ihr unbezwingbarer Wille und ihre Entschlossenheit, das Buch zu beenden, hielten sie aufrecht. Sie wollte einfach noch nicht sterben. Und selbst, als sie an den Rollstuhl gefesselt war, war sie noch aktiv, fuhr in einem Auto mit Automatikgetriebe herum, und hob sich, wenn auch unter Schmerzen, selbst aus dem Stuhl.«

Kurz nachdem die Arbeit an *Smith's Sea Fishes* beendet war, erkrankte Margaret Smith an Leukämie. Sie lag im Krankenhaus und hatte große Schmerzen, als Hans Fricke in Grahamstown ankam, um seinen Quastenflosser-Vortrag zu halten. Es war ein großer Erfolg: Fricke zeigte sein neues Filmmaterial und war verblüfft und gleichzeitig erfreut, als einige der Zuschauer während der Vorführung anfingen zu weinen. Am nächsten Tag besuchte Fricke Margaret Smith in Port Elizabeth im Krankenhaus und stellte ihr den lebenden und schwimmenden Quastenflosser vor. »Das war das einzige Mal, daß ich sie getroffen habe«, erinnert sich Fricke, »aber sie hat mich sehr beeindruckt. Sie war ein bemerkenswerter Mensch. Für jemanden mit ihrer Persönlichkeit und ihrem Wissen muß es schlimm gewesen sein, das Leben mit einem so egozentrischen Mann zu verbringen.«

Er projizierte die Aufnahmen des schwimmenden Quastenflossers auf eine ihrem Bett gegenüberliegende weiße Wand. Sie war bezaubert, und als der Film zu Ende war, liefen ihr die Tränen übers Gesicht. »Sie sagte, der Anblick des lebenden Fisches schließe den Kreis ihres Lebens, und jetzt sei sie bereit zu sterben«, erinnert sich Fricke. »Sie war wegen ihrer Krankheit sehr deprimiert gewesen, aber den Quastenflosser zu sehen gab ihr unglaublich viel Kraft und Leben und spornte sie an. Sie sagte, sie würde die Erinnerung mit zu J. L. B. nehmen.«

Hans Fricke kehrte zu seinen Bauplänen für das Tauchboot zurück, und sechs Wochen später starb Margaret Smith.

Advocatus coelacanthi

Der Kampf gegen das Aussterben

Das neue Tauchboot wurde in einem Schuppen am Rand des Parkplatzes des Max-Planck-Instituts gebaut. Hans Fricke hatte beschlossen, daß er und Jürgen Schauer es aufgrund ihrer Erfahrungen mit der *Geo* ohne fremde Hilfe bauen konnten. Um in größere Tiefen hinabtauchen zu können, mußte das neue Boot auf einem höheren technischen Stand sein: Es mußte stärker und sicherer sein. Zwangsläufig würde es dann auch teurer werden, sie könnten also ein Vermögen sparen, wenn sie es selbst bauten.

Wie schon bei der *Geo* bauten sie auch dieses Mal ein Modell, um das herum nach und nach der Rumpf des Bootes zusammengesetzt wurde. »Wenn man mit Hilfe einer kleinen Gruppe von Leuten alles selbst macht, wird man schnell zum Fachmann«, erklärte Fricke. »Das war auch bei uns der Fall.« Zufällig traf er eines Tages auf der Straße vor seinem Haus einen Tauchbootkonstrukteur, der sich bereit erklärte, ihm bei den technischen Spezifikationen zu helfen. Nach kurzer Zeit war das neue verbesserte gelbe Unterseeboot fertiggestellt.

Es wurde auf den Namen *Jago* getauft, nach einem Tiefseehai, der dieselbe Augenfarbe hat wie der Quastenflosser und in vierhundert Meter Tiefe lebt – der maximalen Tauchtiefe des Unterseebootes. Die *Jago* ist etwas größer als die *Geo* – eineinhalb Meter breit und zweieinhalb Meter lang – und hat größere Fenster. Wie die *Geo* ist sie frei schwimmend und mit starken Scheinwerfern und einem leistungsfähigen Greifarm ausgerüstet sowie einem Funksprechsystem, um Verbindung mit der Außenwelt aufnehmen zu können. Fricke machte mit dem neuen Boot eine Probetauchfahrt im Genfer See, während der sich Jacques Piccard mit seinem Tauchboot *Forel* in Bereitschaft hielt. Auf allen Testfahrten bewährte sich die *Jago*. Fricke war hocherfreut und fuhr mit seinem Team zunächst ans Rote Meer und von dort aus zurück auf die Komoren. Sie kamen Ende 1989 an, mit der festen Absicht, einen Quastenflosser bei Tageslicht aufzuspüren und zu filmen.

Es verging jedoch einige Zeit, bis es soweit war. »Wir hatten geglaubt, daß wir unterhalb der Tauchgrenze der *Geo* von zweihundert Metern sofort auf einen Quastenflosser stoßen würden«, sagte Karen Hissmann, die sich 1988 Frickes Team angeschlossen hatte. Die Laboranalysen des Blutes des Quastenflossers ließen darauf schließen, daß bei einer Temperatur von 15 bis 18 Grad, wie sie in den Komoren in einer Meerestiefe von mehr als zweihundert Metern herrscht, optimale Lebensbedingungen für ihn gegeben waren, und die Fangberichte schienen damit übereinzustimmen. »Auf unseren ersten Tauchfahrten in eine Tiefe von vierhundert Metern erschloß sich uns eine neue Welt: Wir sahen riesige weiße, trichterförmige oder verzweigte Glasschwämme, bizarre, wunderschöne, faszinierende Gebilde – nur keine Quastenflosser.«

Die Unterwasserlandschaft veränderte sich, während sie immer tiefer hinabtauchten. Unterhalb von zweihundert Metern wichen die überwältigenden Korallenschluchten flacheren aschenfarbenen Sandhügeln. Sie entdeckten neue interessante Fische und fanden sich schließlich vierhundert Meter unter der Wasseroberfläche in einer dämmrigen, öden Landschaft wieder. Ihre Berechnungen ergaben, daß sie in dieser Tiefe einem Druck von 3600 Tonnen ausgesetzt waren. »Diese unglaubliche Vorstellung machte uns deutlich, welch extreme Lebensbedingungen um uns herum herrschten«, fuhr Karen Hissmann fort. »Aber nach langer Suche mußten wir uns eingestehen, daß dies nicht die Heimat des Quastenflossers war.«

Sie beschlossen, in das Gebiet zurückzukehren, in dem sie zwei Jahre zuvor Quastenflosser gesehen hatten, und am 5. November 1989 um Viertel vor zehn Uhr morgens wurden ihre Bemühungen belohnt, als sie einen auf dem Kopf stehenden Quastenflosser erblickten, dessen Umriß sich gegen den Eingang einer Höhle abzeichnete. Fricke konnte zum ersten Mal bei Tageslicht einen Blick auf den anmutigen Fisch werfen. »Als wir uns näherten, zog er sich in die Höhle zurück«, erzählte er. »Wir spähten hinein, und wir waren sehr aufgeregt, als wir drei weitere Augenpaare entdeckten, die im Halbdunkel glühten. Ohne sich zu berühren, ruhten die Quastenflosser eng beieinander in der Höhle. In diesem Augenblick wurde uns klar, wo sie ihre Tage verbrachten, und warum wir sie bisher nicht gesehen hatten. Der Witz dabei war, daß sich die Höhle in 196 Meter Tiefe befand – innerhalb der Reichweite der *Geo*.«

Nachdem sie nun wußten, wo sie suchen mußten, spürten sie sehr schnell eine ganze Reihe von Quastenflossern auf, die sich in Höhlen versteckten, die ihnen Schutz vor Räubern und den starken Strömungen boten. In den Höhlen hielt sich niemals die gleiche Anzahl von Fischen auf: Manchmal fanden sie Gruppen von bis zu zehn Fischen, manchmal auch nur ein einzelnes einsames Exemplar. Sie begegneten drei alten Bekannten von der Expedition im Jahr 1987, die sie an ihren auffälligen weißen Flecken erkannten, einen anderen Quastenflosser sahen sie nacheinander an sechs verschiedenen Stellen. Endlose Stunden verbrachten sie in ihrer gelben Stahlkapsel damit, die Fische nur zu beobachten. Bald konnten sie sich ein Bild davon machen, wie die Quastenflosser ihre Zeit verbrachten: Bei Tag ruhten sie sich in ihren Verstecken aus, und kurz vor Einbruch der Dämmerung verließen sie die sicheren Gemeinschaftshöhlen, um einzeln nach Beute zu suchen. Offenbar jagte der Quastenflosser allein.

Um mehr darüber zu erfahren, wie sich die Fische in ihrem Lebensraum bewegten, wurden elf Quastenflosser mit winzigen Funksendern versehen, die man ihnen in die Seite schoß und deren Signale man vom Tauchboot oder von der Meeresoberfläche aus verfolgen konnte. Fricke und sein Team wechselten sich bei der Beobachtung der großen Geschöpfe ab, während diese an ihrem Boot vorbeiglitten und sich von den Strömungen tragen ließen wie ein Albatros in der Luft. Die Quastenflosser schienen genauso gerne vorwärts wie rückwärts zu schwimmen, auf dem Kopf zu stehen oder auf dem Rücken zu liegen – ihre ölgefüllten Schwimmblasen erlaubten es ihnen, in jeder Position das Gleichgewicht zu halten und mit fast unmerklichen sanften Flossenbewegungen schwerelos durch das Wasser zu gleiten.

Die Kopfstände erstaunten Fricke – man kennt nur wenige Fische, die auf dem Kopf stehen, und dann sicher nicht wie die Quastenflosser mehrere Minuten lang ohne erkennbare Anstrengung, »als ob sie sich alle beim Zirkus bewerben wollten!« Jedesmal, wenn sich das Tauchboot einem Quastenflosser näherte, drehte sich dieser langsam, bis er senkrecht stand, wobei er die winzige Mittelflosse des Schwanzes sanft hin und her bewegte. Fricke gelangte zu der Überzeugung, daß dieses Verhalten irgendwie mit der Fähigkeit des Quastenflossers in Zusammenhang stand, Beute aufzuspüren, indem er mittels des Rostralorgans (der mit Flüssigkeit gefüllten Kammer in der Schnauze des Fisches, die man für ein elektro-sensorisches System hält) Veränderungen des elektrischen Feldes in seiner Umgebung wahrnehmen kann. Er beschloß, diese Annahme mit einem Experiment zu überprüfen und erzeugte schwache elektrische Felder im Wasser, um das Herannahen eines Beutefisches vorzutäuschen. Der Quastenflosser stellte sich tatsächlich jedesmal auf den Kopf, sobald er die Impulse wahrnahm. Wenn die Ergebnisse auch keinen endgültigen Beweis lieferten, so waren sie doch einleuchtend. 1996 identifizierte Fricke in der Schwanzflosse des Fisches Organe zur Erzeugung elektrischer Ströme, die seiner Theorie mehr Gewicht zu verleihen scheinen: Vermutlich erleichtert der Kopfstand dem Quastenflosser das Aufspüren von Beute.

Jeden Quastenflosser, den sie sahen, photographierten sie von allen Seiten, sie gaben ihm einen Namen (der erste wurde Nico getauft) und erstellten zur Identifizierung jedes einzelnen Exemplars eine Kartei, in der das einzigartige Muster aus weißen Flecken auf den dunklen Schuppen verzeichnet war. Zu guter Letzt enthielt ihr Archiv Aufzeichnungen über 108 verschiedene Quastenflosser. »Jedesmal, wenn wir zurückkommen, befürchten wir, daß wir einen unserer besonderen Freunde nicht mehr vorfinden«, sagte Karen. »Wenn wir einen toten Fisch sehen, hoffen wir, daß wir ihn nicht erkennen.«

Sie unternahmen eine ausführliche Erkundung der Küstenregion, um die Größe der Quastenflosserpopulation schätzen zu können und eine Karte ihrer Höhlen zu erstellen. Es war ein schwieriges und langwieriges Unterfangen. Die Höhlen der Quastenflosser haben im allgemeinen nur eine schmale Öffnung, die sich zu einer größeren Grotte im Innern erweitert. Nur wenn sie sich auf den Boden des Tauchbootes legten und durch den oberen Teil des gewölbten Bugfensters schauten, konnten sie die Tiere in ihrem Unterschlupf beobachten und filmen. Doch auch wenn die Höhleneingänge größer waren, konnten sie die Quastenflosser nur mit Mühe erkennen: Die weißen Flecken auf den stahlgrauen Schuppen verschmolzen mit den muschelbedeckten Wänden der Lavahöhlen und boten eine nahezu perfekte Tarnung. »Es ist sehr, sehr schwierig, einen Quastenflosser unter Wasser zu erkennen«, erklärte Fricke. »Wenn man die Höhlen der Quastenflosser nicht kennt, wird man nie einen zu Gesicht bekommen. Außerdem braucht man ein sehr kleines Tauchboot.«

Bei einem früheren Besuch im Jahr 1987 trafen Fricke und Raphael Plante auf ein Expeditionsteam des Smith Institute unter der Leitung von Mike Bruton. Sie begegneten sich eines Abends in einem schmutzigen, heruntergekommenen Lokal in Moroni. Ihnen war bekannt, daß seit 1952 mehr als einhundertvierzig Quastenflosser gefangen worden waren, und ihrer Schätzung nach mochte es nur noch wenige Hundert Exemplare geben. Als sie sich über ihre jeweiligen Erkenntnisse austauschten, wurde ihnen klar, daß es internationaler Anstrengungen bedurfte, wenn der Quastenflosser »gerettet« werden sollte. Sie riefen das Coelacanth Conservation Council (CCC) ins Leben, mit dem Ziel, so viele Informationen wie möglich zu sammeln und diese einer möglichst breiten Öffentlichkeit zugänglich zu machen. Auf diese Weise hofften sie, ein Interesse für den Quastenflosser zu wecken und die Bereitstellung finanzieller Mittel zu erreichen.

Die Direktoren des CCC unternahmen Vortragsreisen in alle Teile der Welt, um das Bewußtsein für die Gefährdung des Quastenflossers zu wecken. »Ständig hatten wir gegen Pelztierschützer anzutreten«, beklagt sich Mike Bruton. »Es ist viel leichter, Geld für weiche Kuscheltiere aufzutreiben, als für nasse und schleimige Geschöpfe, vor allem wenn sie, wie der Quastenflosser, in einer so großen Tiefe leben und nicht in ihrer natürlichen Umgebung oder auch nur in einem Aquarium zu sehen sind.«

Sie waren nicht sehr erfolgreich in der Beschaffung von Geldern, aber 1989, nachdem Fricke seine Beziehungen hatte spielen lassen, wurde der Quastenflosser unter die strengste Schutzbestimmung des Washingtoner Artenschutzübereinkommens (CITES – Convention on International Trade in Endangered Species) gestellt. Er wurde in Anhang I aufgenommen (zusammen mit Blauwalen, Schneeleoparden und Sumatratigern), der ihn zu einer ernsthaft gefährdeten Spezies erklärt und jeden Handel mit Quastenflossern untersagt. Dies wurde als große Errungenschaft betrachtet – vorausgesetzt, die Einhaltung der Bestimmung kann durchgesetzt werden.

Der komorische Präsident Abdallah hatte jedoch scheinbar seine guten Gründe, die Unterzeichnung des Artenschutzübereinkommens abzulehnen, und er ließ damit den Komoren die Möglichkeit offen, weiterhin tote und lebende Quastenflosser zu exportieren. Nur wenige Monate nachdem der Quastenflosser in Anhang I aufgenommen worden war, ließ es das Team der *Jago* auf eine direkte Konfrontation mit dem Toba-Aquarium ankommen, das eine mehrere Millionen Dollar teure Expedition gestartet hatte, um einen lebenden Quastenflosser zu fangen. Fricke war von Anfang an strikt gegen jedes Vorhaben, einen lebenden Quastenflosser öffentlich zur Schau zu stellen – selbst wenn erwiesen wäre, daß er sich leicht und ohne Schaden zu nehmen fangen läßt. Bevor er 1989 mit seiner Expedition aufgebrochen war, hatte er gegen das Projekt des Toba-Aquariums protestiert und Präsident Abdallah dazu gebracht, eine Verfügung zu erlassen, die den Export lebender Quastenflosser untersagte. Da Abdallah das Abkommen jedoch nicht offiziell unterzeichnet hatte, schenkten die Japaner diesem Erlaß keine Beachtung und ließen auch weiterhin ihre Fangkäfige aus Eisengeflecht ins Meer hinab.

Schließlich hatte Fricke genug. Nachdem er bei seinen Tauchfahrten auf mehrere der gefährlich aussehenden Käfige gestoßen war, beschloß er zu handeln. Er bereitete zwei folienbeschichtete Karten vor: Die eine zeigte ein Bild des Quastenflossers und trug die Aufschrift: »Laßt die Quastenflosser in Ruhe!« Auf der zweiten gab sich die *Jago* als Absender zu erkennen. Eines Nachts fuhren sie mit der *Jago* zu einem der

Käfige und befestigten die Karten mit ihrem Greifarm am Drahtgeflecht. Kurz darauf wurde das erfolglose Toba-Team nach Japan zurückbeordert – offenbar auf ausdrücklichen Wunsch des japanischen Kaisers.

»Wir brauchen einen lebenden Quastenflosser«, erklärte Mike Bruton vom J. L. B. Smith Institute. »Wir haben noch große Wissenslücken hinsichtlich der Populationsdynamik, seines Alters und seiner Größe bei der Geschlechtsreife, der Anzahl der Jungen, der Trächtigkeit, der Vermehrungsrate und der Lebensdauer – einige davon lassen sich nur durch die Beobachtung in Gefangenschaft gehaltener Exemplare schließen.« Bruton ist der Überzeugung, daß ein in Gefangenschaft lebender Quastenflosser das öffentliche Bewußtsein für ein seltenes und wunderbares Geschöpf wecken würde, was wiederum zum Zufluß von Geldern für die Forschung und Schutzmaßnahmen auf den Komoren führen würde. »Wenn wir erst einmal wissen, wie man ihn fängt, können wir die Zahl der in Gefangenschaft gehaltenen Exemplare erhöhen und vielleicht welche züchten. Ich bin sicher, daß wir mit Hilfe Frickes und seines Tauchbootes ohne weiteres einen fangen könnten. Aber er weigert sich, mit uns zusammenzuarbeiten.«

Fricke ist standhaft bei seiner Weigerung geblieben: »Das ist eine verrückte Idee!« sagte er. »Niemand hat jemals einen Jungfisch gesehen. Niemand weiß etwas über das geschlechtsspezifische Verhalten. Niemand weiß, wie und unter welchen Umständen die Paarung stattfindet. Und dann denken sie darüber nach, ihn in einem Aquarium zu züchten? Das ist doch lächerlich! Ein Aquarium in Südafrika nimmt für sich bereits das historische Recht in Anspruch, als erstes einen Quastenflosser auszustellen – was für ein Unfug: Niemand hat das historische Recht auf einen Fisch! Und wenn erst einmal ein Aquarium einen Quastenflosser hat – was dann? Dann wollen alle anderen auch einen, und das würde zu einem Ansturm auf die jetzt schon kleine Quastenflosserpopulation führen. Nein, dabei werde ich ihnen nicht helfen!«

Frickes Hauptsorge gilt der kleinen – und, wie er glaubt, schrumpfenden – Population des Quastenflossers. Je mehr er über den Quastenflosser und seinen Lebensraum herausfindet, desto mehr fürchtet er um seinen Fortbestand. Der Fisch ist nicht nur unablässig der Verfolgung durch Wissenschaftler aus der ganzen Welt, die alle hinter einem eigenen Exemplar her sind, ausgesetzt, sondern auch der verstärkten Fangtätigkeit der Komorer infolge des Bevölkerungswachstums. Jedesmal, wenn sie auf den Komoren waren, haben Fricke und sein Team ungefähre Zählungen durchgeführt. Zwischen 1989 und 1991 schien die Anzahl der von ihnen in einem bestimmten Gebiet gezählten Quastenflosser ziemlich konstant zu bleiben und ließ auf eine Gesamtpopulation von knapp sechshundertfünfzig Fischen in den Gewässern von Grand Comore schließen. 1994 schien sich die Anzahl jedoch drastisch verringert zu haben, was nach Frickes Meinung darauf zurückzuführen ist, daß die unter wirtschaftlichem Druck stehenden Fischer gezwungen sind, mehr Fische zu fangen.

Einige Wissenschaftler halten die von Fricke genannten Zahlen allerdings für übertrieben pessimistisch. Robin Stobbs ist der Ansicht, daß die Population um ein Vielfaches größer sein könnte, als von Fricke geschätzt wurde. »Er hat sich mit seinen Berechnungen auf die Gebiete konzentriert, in denen die Fische gefangen werden, ohne sich auch noch woanders umzuschauen«, behauptet Stobbs. »Wenn man das Ganze unter dem Aspekt der Fischfangmethoden betrachtet, sieht man, daß beispielsweise an der Ostküste von Grand Comore und auf Moheli, Mayotte und Madagaskar nicht dieselben Methoden angewandt werden, und daher die Fischer dort niemals einen Quastenflosser fangen werden. In den letzten Jahren ist die Zahl der zum Fischfang benutzten *galawa* insgesamt gestiegen, aber es fahren doch weniger Fischer nachts zum Fischen hinaus, eine gute Nachricht also für *Latimeria.* Ich denke, da draußen könnte es noch viel mehr Fische geben, denen zur Zeit keine Gefahr droht, gefangen zu werden. Schließlich wissen wir nach wie vor nichts über die ursprüngliche Heimat des Quastenflossers: Wir haben keine Fossilien gefunden, die jünger als siebzig Millionen Jahre sind, wo hat er gesteckt, bis vor zehn Millionen Jahren die Komoren entstanden sind? Er ist sicher nicht in der Tiefsee herumgepaddelt und hat darauf gewartet, daß plötzlich eine Vulkaninsel aus dem Wasser auftaucht.«

»Wenn man die sozioökonomische Situation auf den Komoren betrachtet«, erklärt Fricke, »wird klar, warum die komorische Bevölkerung bei ihrer Ernährung auf jedes noch so kleine Tier im Meer angewiesen ist. Das Riff ist praktisch leergefischt, und sie müssen auf die Ressourcen in tieferen Gewässern zurückgreifen. Dabei fangen sie manchmal zufällig einen Quastenflosser. Wer will den armen Teufeln daraus einen Vorwurf machen? Ihr Überleben ist wichtiger als das Überleben eines Fisches. Menschen müssen nun einmal essen. Das kommt alles davon, daß wir so rücksichtslos mit unserem Planeten umgehen, und es ist wirklich traurig, aber das ist der Lauf der Evolution, und unglücklicherweise üben wir zur Zeit einen furchtbaren Druck aus.«

1994, fünf Jahre nach seiner öffentlichen Bekanntmachung, unterzeichneten die Komoren das Artenschutzübereinkommen, woraufhin der offizielle Handel mit Quastenflossern zusammenbrach. Es gibt jedoch die Vermutung, daß nach wie vor ein Schwarzmarkt existiert, zumindest wenn entsprechende Nachfrage besteht. Schätzungen zufolge kann ein Quastenflosser immer noch bis zu zweitausend Dollar einbringen – das entspricht dem fünffachen Jahreslohn eines Fischers –, und da kann kaum einer widerstehen. Wie viele komorische Fischer bestätigen, bedeutet allerdings heute der

Fang eines Quastenflossers nicht mehr automatisch einen Hauptgewinn.

Ahmed Bourhane, ein Fischer mit schönen Gesichtszügen und einem kahlrasiertem Schädel aus dem Dorf Mindrahou, erinnert sich nur zu gut an die Zeit, als er einen *gombessa* fing. »Das war 1995«, erzählt er. »Ungefähr eine Stunde vor Mitternacht merkte ich, daß etwas angebissen hatte, aber zuerst konnte ich nicht erkennen, was es war. Als ich den Fisch heraufzog, drehte und wendete er sich wie eine Frau. Er war sehr schwer, und erst beim dritten Versuch gelang es mir, ihm einen Haken durchs Maul zu ziehen. Ich berührte seine Haut und stellte fest, daß es ein seltsamer Fisch war, aber es war dunkel, und ich wußte nicht, daß es ein *gombessa* war. Ich rief die anderen Fischer, die Licht hatten, und als sie herüberkamen, erkannte ich, was es war.

Ich war sehr glücklich, weil ich glaubte, jetzt könnte ich mir meine *grand mariage* leisten und nach Mekka fahren: wenn früher Fischer aus meinem Dorf einen *gombessa* fingen, konnten sie ihn für viel Geld verkaufen. Ich legte ihn in mein Boot und tat, was ich konnte, um ihn am Leben zu erhalten. Er hat sich nicht gewehrt.« Es war Sonntag und kein Taxi zu finden, deshalb mietete er ein Auto und brachte den Fisch ins Museum der Hauptstadt Moroni. Dort wollten sie ihn nicht. Er brachte ihn ins Galawa Beach Hotel im Norden der Insel, aber auch dort wollte man ihn nicht. Dasselbe wiederholte sich in der chinesischen Botschaft. »Ich hatte den Fisch den ganzen Tag im Auto, aber keiner mochte ihn kaufen. Also habe ich das Öl abgezogen, das ich jetzt den Leuten gebe, wenn sie krank sind, und den Fisch gegrillt. Er hat gar nicht einmal so schlecht geschmeckt.«

Je mehr sich Berichte über derartige Erfahrungen verbreiten – und auf den Komoren sprechen sich Neuigkeiten schnell herum –, desto größer sind die Überlebenschancen des Quastenflossers. Selbst Hans Fricke schöpft neue Hoffnung angesichts einer zunehmend besser organisierten komorischen Bewegung zur Erhaltung des Fisches, die manchmal etwas ungewöhnliche Methoden anwendet, um ihre Botschaft zu vermitteln. Die *Association pour la Protection du Gombessa* wurde 1994 gegründet und vier Jahre später offiziell eingeführt. Die Zeremonie fand in einem weißgekalkten Schulhaus statt, das sich auf dem flachen Lavafelsen wie ein Stück Strandgut ausnahm. Hinter den alten hölzernen Pulten des Klassenzimmers saßen, aufrecht und im Sonntagsstaat, die Fischer und Gemeindeältesten aus zwölf Dörfern, auf dem Vorplatz tanzten die in farbenfroh gemusterte Gewänder gekleideten Frauen im Kreis und stimmten Klagelieder über den Quastenflosser an. »*Gombessa* ist ein wundervoller Fisch«, sangen sie. »Die Welt liebt *gombessa* – es ist besser, ihn zu schützen und nicht zu fangen, damit er für unsere Kinder erhalten bleibt.«

Voller Stolz hielt der Präsident der Vereinigung, ein alter Fischer namens Hassane Djambaé, die Begrüßungrede. Sein Gesicht unter dem purpurfarbenen Fez zeigte, wie ernst er seine Verpflichtung nahm. »Wir haben uns heute hier versammelt, um darüber zu sprechen, wie wir *gombessa* schützen können«, sagte er. »Das wird nicht einfach sein. Der Fischfang ist Teil unserer Kultur, und jetzt müssen wir den Fischern sagen, daß sie nicht mehr fischen sollen.« Anschließend sang ein Junge Verse aus dem Koran.

»Das Ziel der Vereinigung ist es, den Quastenflosser und den Meeresboden zu schützen«, erklärte der junge Komore Said Ahamada. Er ist Ökologe und Mitglied von Ulanga, der nationalen Umweltschutzorganisation, die als treibende Kraft hinter der Gründung der Vereinigung zum Schutz des Quastenflossers stand. »Die komorischen Fischer verdienen nicht sehr viel Geld. Sie brauchen Unterstützung. Es fällt ihnen schwer, die globale Bedeutung des Quastenflossers zu verstehen, und deshalb heben wir den sozioökonomischen Nutzen hervor, den sie aus seiner Erhaltung ziehen könnten.«

Die Vereinigung will letztendlich erreichen, daß die Gewässer um Itsoundzou – wo man die größte Anzahl von Quastenflossern vermutet – zum maritimen Nationalpark mit einem strikten Fangverbot erklärt werden. Hans Fricke beabsichtigt, am Eingang einer der Höhlen eine Kamera zu installieren, um Live-Aufnahmen der Quastenflosser in ein Informationszentrum zu übertragen. »Es muß etwas Aufregendes sein, etwas Außergewöhnliches«, betont er. »Man kann das Tier nicht anfassen, man kann nicht zu ihm hinuntertauchen, man kann die Touristen nicht in einem Tauchboot hinbringen, weil das zu teuer wäre und man auch nicht nahe genug heranfahren könnte. Es gibt also keine andere Möglichkeit, einen lebenden Quastenflosser zu sehen, als mit Hilfe von Echtzeit-Videoaufnahmen.« Er ist davon überzeugt, daß das wirtschaftliche Überleben des Zentrums durch den Fremdenverkehr auf den Komoren gesichert wäre. Alles was fehlt, sind die nötigen Gelder zu dessen Einrichtung.

Die Vereinigung zum Schutz des Quastenflossers unterstützt diesen Plan, indem sie den Fischern erklärt, daß sie in Zukunft davon profitieren werden, wenn sie den Quastenflosser jetzt in Ruhe lassen. Einige besonders eifrige Schützer haben allen, die von ihren Fangfahrten einen Quastenflosser mitbringen, schreckliche Konsequenzen angedroht: Auf den Komoren wird die Botschaft verbreitet, daß sich ein Fischer durch den Fang eines *gombessa* keineswegs Ruhm und Reichtum erwirbt, sondern statt dessen mit dem Fluch eines Medizinmanns belegt wird. Wie verlautet, haben bereits einige Fischer einen gefangenen Quastenflosser wieder freigelassen, anstatt ihn ans Ufer zu bringen. Für Fricke ist das die erfreulichste Meldung seit langem: »Ein großes Aber bleibt allerdings ... Übersteht es der Quastenflosser ohne Schaden, wenn er gefangen und dann wieder freigelassen wird? Sie werden durch die warmen Wasserschichten an die Oberfläche gezogen, sie stehen unter Streß und sind völlig erschöpft, es kommt zur vermehrten Bildung von Milchsäure, das Innenohr wird in Mitleidenschaft gezogen, und das Atmungssystem stark belastet. Ich fürchte, daß die Fische keine Chance haben. Aber vielleicht sind sie zäher, als wir denken? Vielleicht überleben sie es, wenn sie an die Oberfläche gebracht und sofort wieder freigelassen werden?«

Jerry Hamlin vom Explorers Club ist davon überzeugt und hat sowohl Geld als auch Energie investiert, um das zu beweisen. Nach dem Tod des berüchtigten Mombassa und der Entdeckung, daß sein Wiederbelebungsbassin abgebaut worden war, beschloß er, in seinem fortwährenden Kampf zur Rettung des Quastenflossers einen anderen Weg einzuschlagen. Vom Hauptquartier der Coelacanth Rescue Mission aus, einem malerisch in den Wäldern von Greenwich in Connecticut gelegenen ehemaligen Gasthof, den er mit einem burmesischen Albino-Python, einer kolumbianischen Boa, einer indischen Sternschildkröte, einem Parsons-Chamäleon und einem kahlköpfigen Kakadu teilt, hat er im Internet eine Quastenflosser-Website mit einem Preisausschreiben eingerichtet. »Ich veranstaltete einen Wettbewerb zum Thema ›Rettet den Quastenflosser‹ auf der Web-Site dinofish.com und setzte einen Preis von fünfhundert Dollar aus«, erzählte er. »Monatelang erhielt ich die üblichen Vorschläge, ihn zu klonen, Fischfarmen und künstliche Riffe einzurichten und so weiter – alle viel zu teuer oder unbrauchbar. Dann erhielt ich eines Tages eine E-Mail von Dr. Raymond Waldner, einem Biologieprofessor aus Florida. Er berichtete von einer sehr einfachen, aber beeindruckenden Methode, die man anwendet, um Tiefseefische freizulassen, ohne sie der Belastung auszusetzen, selbst zurückschwimmen zu müssen: Durch das Maul des Fisches wird verkehrt herum ein einfacher, mit einem Gewicht versehener Haken gezogen.

Mit einer Leine, die an der Krümmung des Hakens befestigt wird, läßt man den Fisch dann auf den Meeresgrund hinab. Wenn man ruckartig an der Leine zieht, gleitet der Haken aus dem Maul des Fisches. Der ehedem gefangene Fisch ist wieder frei, und die Vorrichtung kann aus dem Wasser gezogen und von neuem verwendet werden.«

Hamlin las die E-Mail mit Interesse und überlegte, wie sich diese Methode auf den Komoren anwenden ließe. »Schließlich fiel der Groschen. Ich entwarf eine Vorrichtung, die besonders leicht und klein war, so leicht und klein, daß man sie in einen Beutel stecken und an ein T-Shirt nähen könnte. Auf die Rückseite des T-Shirts könnte man bebilderte Anweisungen zur Benutzung drucken und es dann an die Fischer verteilen. Diese Methode hätte den großen Vorteil, daß der Quastenflosser nur wenige Minuten in der warmen Wasserschicht an der Meeresoberfläche verbringen müßte. Waldner erhielt die fünfhundert Dollar. Dann machte ich mich daran, das T-Shirt zu entwerfen, die Leinen mit den Haken herzustellen und die Beutel aufzunähen. Wir haben etwa siebzig Stück davon hergestellt und die erste Sendung per Luftpost auf die Komoren geschickt, was mehr als eintausend Dollar kostete. Die T-Shirts wurden im August 1998 von Said Ahamada an die Fischer in Itsoundzou verteilt, während Hunderte von Internet-Nutzern über die Web-Site das T-Shirt ohne den Beutel kauften, um das Projekt finanziell zu unterstützen.« Wenn sich die Methode auf den Komoren als erfolgreich erweist, will Hamlin kleine Etiketten schicken, mit denen sich die freigelassenen Fische markieren ließen, so daß man sie bei einem nochmaligen Fang erkennen könnte. Sie würden auch bei der Beobachtung in einem Tauchboot einen Hinweis darauf liefern, daß sich die Fische erholt haben. »Ich hoffe nur, daß es funktioniert und der Quastenflosser gerettet wird, damit ich mich wieder anderen Dingen in meinem Leben widmen kann«, sagte er.

Ein unerwartetes Ereignis im Jahr 1991 hatte manch einem, der befürchtete, die Quastenflosserpopulation sei in Gefahr, ausgerottet zu werden, neue Hoffnung gegeben. Im August wurde im Schleppnetz eines japanischen Schiffes vor der Küste von Mosambik ein riesiges Weibchen gefangen. Der 179 Zentimeter lange und 98 Kilogramm schwere Fisch wurde noch an Bord eingefroren und im Dezember 1991 dem Museum für Naturgeschichte in Maputo, der Hauptstadt von Mosambik, übergeben.

Das J. L. B. Smith Institute in Grahamstown erhielt, bezeichnenderweise am Heiligen Abend, ein Telefax mit der Mitteilung über den Fang des Quastenflossers, und einige Wochen später flogen Mike Bruton und Hans Fricke nach Mosambik, um den Fisch zu untersuchen. Bruton wurde am Flughafen von Dr. Augusto Cabral, dem Direktor des Museums, erwartet, einem außergewöhnlichen Mann, der das Museum während des langen Bürgerkrieges in seinem Land allein weitergeführt hatte. Cabral versicherte, daß es sich ohne jeden Zweifel um einen Quastenflosser handele – er war erst das zweite Exemplar, das jemals in einem Schleppnetz gefangen worden war und noch dazu an einer ganz anderen Stelle als in den Komoren. Die schlechte Nachricht war – auch hier wiederholten sich auf unheimliche Weise die Ereignisse des Jahres 1938 –, daß Cabral gezwungen gewesen war, den Fisch zu sezieren und die inneren Organe wegzuwerfen, da er nicht über die notwendigen Einrichtungen verfügte, um ihn in gefrorenem Zustand aufzubewahren. Die gute Nachricht dagegen war, daß er sechsundzwanzig vollständig entwickelte Junge gefunden hatte und es ihm gelungen war, diese zu präparieren.

Der Fisch von Mosambik löste eine Flut von Theorien und Mutmaßungen aus. Der Fundort und die Fangmethode ließen nicht nur die bereits früher geäußerten Vermutungen wiederaufleben, daß der Lebensraum des Quastenflossers ein weit-

Abgußmodell eines Quastenflossers im Naturkundemuseum Berlin

aus größeres geographisches Gebiet umfasse – und daß es sich bei dem Exemplar von East London nicht unbedingt um einen Irrläufer gehandelt habe –, sondern sie heizten auch von neuem die Diskussionen über die Fortpflanzung des Quastenflossers an.

Bis zu diesem Zeitpunkt hatten sich alle Annahmen über die Populationsdynamik des Quastenflossers auf das Exemplar des American Museum of Natural History mit seinen fünf Embryonen gestützt. Doch nun tauchte plötzlich der Fisch aus Mosambik auf und verfünffachte die potentielle Geburtsrate: wenn Quastenflosser bis zu sechsundzwanzig Junge hervorbringen konnten, waren sie ja vielleicht gar nicht so gefährdet, wie man gedacht hatte? Mit diesem Exemplar war auch ein für allemal die Theorie von Eugene Balon über das kannibalische Verhalten der Jungen in der Gebärmutter widerlegt.

Auf die Skeptiker und Pessimisten in der Fachwelt machte das Exemplar von Mosambik allerdings keinen besonders großen Eindruck. Jeder Lebendgebärer – selbst einer, der sechsundzwanzig Nachkommen hervorbringt – reproduziert sich nur sehr langsam, und es sei, so brachten sie vor, sehr gut möglich, daß dieser Quastenflosser genauso wie der East-Londoner Fisch von der südwärts fließenden Strömung erfaßt und von den Komoren in die Küstengewässer bei Pebane getrieben worden war, wo man ihn gefangen hatte.

Hartnäckig hatten sich Gerüchte gehalten, daß in der Nähe von Madagaskar Quastenflosser zu finden seien. Bereits 1982 hatte die Regierung Briefmarken herausgegeben, die den Quastenflosser in seiner natürlichen Umgebung zeigten. Vier Jahre später wurde ein angeblich vor Madagaskar gefangenes Exemplar in Tamatave (dem heutigen Toamasina) ausgestellt, obwohl man später annahm, daß es auf den Komoren gekauft worden war. Jerry Hamlin bereiste mehrere Wochen lang die gesamte nordöstliche Küste und befragte die Fischer, aber es gelang ihm nicht, konkrete Hinweise auf das Vorkommen eines madagassischen Quastenflossers zu finden. Die Regierung schien sich jedoch ziemlich sicher zu sein und gab 1993 eine neue Briefmarke heraus – dieses Mal war der Quastenflosser vor einem Hintergrund von felsigen Überhängen und Höhlen abgebildet.

Zwei Jahre später zeigte sich, daß ihre Zuversicht gerechtfertigt war. Am 5. August 1995 wurde an der Südwestküste von Madagaskar in der Nähe des Dorfes Anakaó, dreiunddreißig Kilometer südlich von Tulear und 1300 Kilometer südlich von Grande Comore gelegen, in einem tiefliegenden Netz, das zum Fang von Haien verwendet wurde, ein 32 Kilogramm schwerer Quastenflosser aus dem Wasser gezogen. Er wurde von drei jungen Fischern gefangen, von denen keiner jemals zuvor einen Quastenflosser gesehen hatte. Als sie das Netz aus dem Wasser holten und ihren ungewöhnlichen Fang sahen, bekamen sie Angst und waren nahe daran, ihn zurück ins Meer zu werfen. Die Madagassen befolgen ein kompliziertes System von Tabus – oder *fady* –, die mit ihrem mystischen Glauben an die Geisterwelt zusammenhängen und deren Ursprung auf ihre indonesischen Vorfahren zurückzuführen ist. Alles, was ihnen seltsam erscheint oder unbekannt ist, ist automatisch *fady*, und sie dürfen es nicht berühren oder sich sonst irgendwie damit beschäftigen. Den madagassischen Fischern muß der Quastenflosser mit seinen »Gliedmaßen« wie eine seltsame Laune der Natur vorgekommen sein, und als solche war er mit äußerster Vorsicht zu behandeln. Ein *fady* zu verletzen kann verhängnisvolle Folgen haben. Nichtsdestoweniger beschloß ZeZe, der Besitzer des Bootes, das Risiko auf sich zu nehmen und den Quastenflosser ins Dorf zu bringen, um ihn dem Bürgermeister Regis Robinson, einem erfahrenen Fischer, zu zeigen.

Regis Robinson hatte jedoch auch keine Ahnung, was für ein Fisch das war, und die Fischer waren gerade im Begriff, den Quastenflosser zu zerteilen, um ihn als Köder zu benutzen, als ein vorbeikommender Franzose ihn als *notre coelacanthe* erkannte und kaufte. Er brachte ihn in seinem Boot zum Museum des Institute of Fisheries and Marine Sciences in Tulear, wo der Fisch präpariert und ausgestellt wurde.

Wie vielleicht zu erwarten war, gaben sich damit noch immer nicht alle zufrieden. Skeptiker behaupteten, daß auch dieses Exemplar ein Irrläufer sei, den die Strömung von den Komoren an die madagassische Küste getrieben habe. Doch als 1997 ein weiteres Exemplar gefangen wurde, offenbar von denselben Fischern, an derselben Stelle und unter denselben Bedingungen, konnte von einem bloßen Zufall keine Rede mehr sein.

»Es ist gut möglich, daß Madagaskar die Heimat des Quastenflossers ist«, sagte Robin Stobbs. Die riesige Insel – die viertgrößte der Welt – gehörte einst zum Großkontinent Gondwana, bevor sie sich vor etwa sechzig bis siebzig Millionen Jahren – also ungefähr zu der Zeit, aus der die letzten Fossilfunde von Quastenflossern datieren – vom afrikanischen Festland abspaltete. Madagaskar ist damit weitaus älter als die relativ jungen Komoren. »Erst vor sehr kurzer Zeit haben sich die Fischfangmethoden in dieser Region von Madagaskar geändert, und die einheimischen Fischer sind dazu übergegangen, zum Fang von Haien anstelle der Langleinen Netze zu verwenden, wie jenes, in dem sich dieser unglückliche Quastenflosser verfangen hatte«, fuhr Stobbs fort. »Bis vor kurzem nahmen nur wenige Fischer das Risiko auf sich, nachts zu fischen, weit draußen vor der Küste, wo sie aufs Meer hinausgetrieben werden und umkommen könnten. Die Körper der Verstorbenen werden auf Madagaskar mit größter Ehrfurcht behandelt, und das schlimmste *fady* ist es, nicht beerdigt zu werden – es bringt Unheil über die Familie und die ganze Gemeinschaft. Vielleicht ist der Quastenflosser die ganze Zeit über da gewesen, aber es bedurfte neuer Fischfangmethoden, um einen zu fangen.«

Vielleicht hat der Quastenflosser auch die ganze Zeit über friedlich in einem noch weiter entfernten Gebiet gelebt? Im Lauf der Jahre ist man auf eine Reihe von Hinweisen gestoßen, die darauf hinzudeuten scheinen, daß sein Lebensraum größer ist, als man angenommen hatte. Manche dieser Hinweise haben zweifellos auf eine falsche Spur geführt, und jeder für sich genommen hat keiner den schlüssigen Beweis geliefert, daß Quastenflosser irgendwo anders als im westlichen Indischen Ozean leben. Zusammengenommen, lassen sie jedoch zumindest noch andere Möglichkeiten offen.

Einer der wichtigsten Anhaltspunkte ist die Schuppe von Tampa – jene ungewöhnliche Fischschuppe, die 1949 Dr. Isaac Ginsburg vom Smithsonian Institute in Washington von der Besitzerin eines Andenkenladens aus Florida geschickt wurde. Der einzige Quastenflosser, den man damals kannte, war der von Marjorie Courtenay-Latimer. Dieser befand sich allerdings ausgestopft und mit vollzähligen Schuppen im East London Museum. Auch wenn die Schuppe von Tampa nicht identisch war, so wies sie doch genug Ähnlichkeiten mit *Latimeria cha-*

lumnae auf, um Ginsburg davon zu überzeugen, daß es sich um die Schuppe eines urzeitlichen Fisches handelte.

Da Ginsburg auf seinen Brief mit der Bitte um nähere Einzelheiten niemals eine Antwort erhielt, wird die Herkunft der Schuppe wohl ein Geheimnis bleiben – ein verlockender Hinweis auf die Existenz eines amerikanischen Quastenflossers.*

Auf die nächste wichtige Spur stieß man 1964, als der argentinische Chemiker Ladislao Reti in Spanien die schon erwähnte silberne Votivgabe aus einer Dorfkirche in der Nähe von Bilbao kaufte. Es konnte kein Zweifel daran bestehen, daß es sich bei der fein ziselierten, zehn Zentimeter großen Figur um die Abbildung eines Quastenflossers handelte – ihre Merkmale stimmten sämtlich überein, bis hin zu den Gravuren auf den Schuppen, die eindeutig die auffälligen weißen Flecken des Quastenflossers darstellten. Reti brachte die Figur zu einem amerikanischen Paläontologen, der nach sorgfältiger Prüfung zu dem Schluß kam, daß sie wahrscheinlich einen Vertreter der Gattung *Latimeria* zeigte. Was die Gestalt und einzelne Merkmale anbelangt – vor allem die Anzahl der Schuppen –, weist sie mehr Ähnlichkeit mit der fossilen Gattung *Macropoma* auf, den jüngsten Fossilien von Coelacanthini, die man bislang gefunden hat und die etwa siebzig Millionen Jahre alt sind.

Die Figur, die Maurice Steinert kurze Zeit später in Toledo kaufte, ist größer als die erste Votivgabe – fast so groß wie die in Mosambik entdeckten Jungfische – und noch feiner gearbeitet, stellt aber zweifellos auch einen Quastenflosser dar. Sie stammte aus einer Sammlung von Silberfiguren, die vermutlich alle von demselben Künstler geschaffen wurden und ungewöhnliche Fische mit merkwürdigen Körperformen darstellten. Nach Ansicht eines Experten für südamerikanische Silber-

* Inzwischen ist selbst die Schuppe nicht mehr auffindbar, vermutlich befindet sie sich irgendwo im riesigen Archiv des Museums.

schmiedekunst vom Prado in Madrid handelt es sich wahrscheinlich um das Werk eines mittelamerikanischen Künstlers aus dem siebzehnten oder achtzehnten Jahrhundert. Im Gegensatz zu spanischen Silberschmieden aus dieser Zeit war es den Silberschmieden der Maya verboten, ihre Arbeiten mit einer Angabe des Herstellungsdatums und -ortes zu versehen, und es wies auch keiner der silbernen Quastenflosser eine solche Prägung auf. Damals war es offenbar üblich, daß reiche Spanier Kunstgegenstände aus den Kolonien in Mittel- und Südamerika mitbrachten und sie der Kirche schenkten. Ein weiterer Experte, dem Plante und Fricke die Figur zeigten, bestätigte die Datierung des Sachverständigen vom Prado: Sowohl die schwarze Silberoxidschicht auf der Oberfläche des Fisches als auch das zierliche geschmiedete Gelenk unterhalb des Kopfes (später wurden solche Gelenke gegossen und wirkten gröber) deuteten auf eine Arbeit aus dem siebzehnten oder achtzehnten Jahrhundert hin. Möglicherweise sind diese wunderbaren Quastenflosser die künstlerischen Darstellungen der gleichen mysteriösen Population, von der auch die in Tampa gefundene Schuppe stammt.

Hans Fricke und Raphael Plante beschäftigte vor allem die Frage, wie es möglich war, daß die silbernen Figuren bereits mehrere Jahrhunderte bevor man der Weltöffentlichkeit 1938 den ersten Quastenflosser präsentierte, hergestellt worden waren. Die Abbildung der weißen Flecken auf den Schuppen schien auszuschließen, daß die Künstler von Fossilien inspiriert wurden, und im übrigen sind die Figuren so detailgetreu gearbeitet, daß sie die sorgfältige Rekonstruktion selbst des geschicktesten Paläontologen bei weitem hätten übertreffen müssen. »Es ist kaum vorstellbar, daß einem Kunsthandwerker, sei er auch noch so begabt, eine so lebensechte Nachbildung anhand eines Fossils gelingen könnte«, schrieb Donald de Sylva in *Sea Frontiers*.

Es wäre denkbar, daß der Künstler die Figuren nach einem lebenden, auf den Komoren gefangenen Quastenflosser geschaffen hat, lange bevor er von Wissenschaftlern identifiziert wurde, oder daß der Fisch in gesalzenem oder getrocknetem Zustand von den Inseln nach Mittelamerika gebracht wurde, doch dafür gibt es wiederum keine Beweise.

Die einfachste Erklärung ist, daß die Künstler nach einem lebenden Modell arbeiteten: einem Fisch, der in ihrer Heimat vorkam, irgendwo in den mittelamerikanischen Gewässern. In den Weltmeeren gibt es viele entlegene Flecken, die ähnlich beschaffen sind wie der Komorenarchipel – mit felsigen Höhlen aus Vulkangestein und stillen, tiefen Gewässern. Es ist gut möglich, daß sie noch anderswo in den unergründlichen Tiefen der Ozeane leben, wir aber nicht die richtigen Methoden anwenden, um sie aufzuspüren.

Hans Fricke schließt diese Möglichkeit nicht aus: »Für mich spricht nichts dagegen, daß es irgendwo noch eine Quastenflosserpopulation geben könnte. Ich hoffe nur, daß wir sie niemals finden werden.« Und auch die Öffentlichkeit hält das weitere Überleben des Quastenflossers für wichtig. Das *Jetzt*-Magazin der *Süddeutschen Zeitung* hatte ihre Leser gefragt: »Was macht diese Woche lebenswert«, worauf ein Schüler geantwortet hatte: »Daß es noch Quastenflosser gibt.«

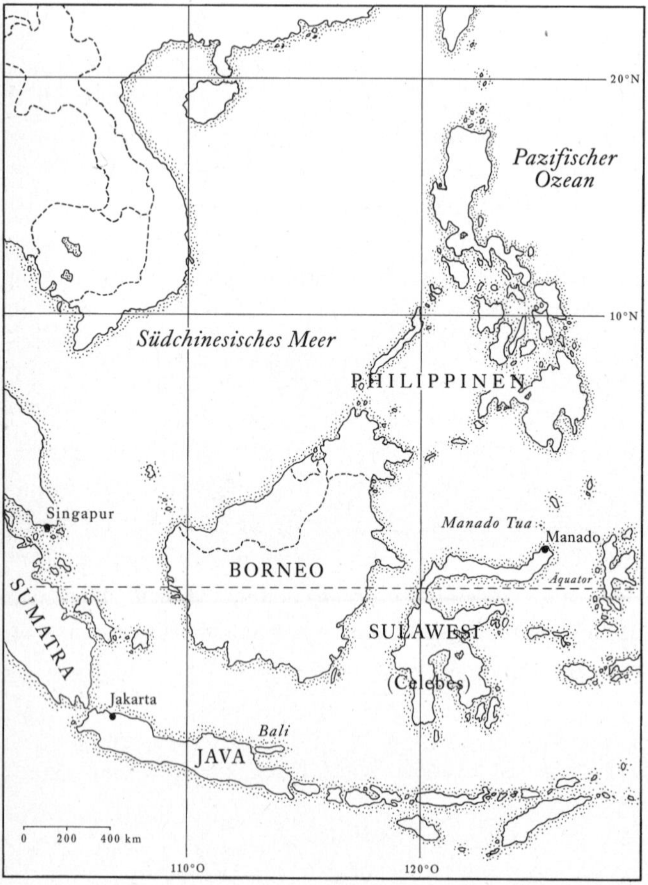
20°N
Pazifischer Ozean
10°N
Südchinesisches Meer
PHILIPPINEN
Singapur
Manado Tua
Manado
BORNEO
Äquator
SUMATRA
SULAWESI
(Celebes)
Jakarta
Bali
JAVA
0 200 400 km
110°O
120°O

RAJAH LAUT

Indonesien birgt ein Geheimnis

Es war eine traumhafte Hochzeit, gefolgt von ebensolchen Flitterwochen. Achtundzwanzig Freunde und Verwandte aus der ganzen Welt kamen nach Bali, um der traditionellen Trauungszeremonie von Mark Erdmann und Arnaz Mehta beizuwohnen. Es gab einen feierlichen Umzug, bei dem schöne Mädchen Körbe mit Früchten und Blumen auf dem Kopf trugen, ein Festessen an einer langen Tafel, die sich unter den Spezialitäten des Landes bog, und später wurde unter dem Schein des Vollmondes getanzt. Am nächsten Tag brach die Hochzeitsgesellschaft an Bord eines Segelschiffes zu einer sechstägigen Kreuzfahrt zu den Komodo-Inseln auf.

Die meisten der Gäste traten danach die Heimreise an, während Mark und Arnaz mit ihren Freunden John und Janel Intihar auf Sulawesi noch einige Ferientage verbrachten. Für die Intihars war es eine beeindruckende Erfahrung – keiner von beiden war bislang in Asien gewesen. Ihre Reise endete in Manado an der Nordspitze von Sulawesi, und an ihrem letzten Tag, dem 18. September 1997, nahmen Mark und Arnaz sie noch mit auf einen Ausflug zu einem echten indonesischen Fischmarkt, um ihnen ein Stück lebendiger Kultur zu zeigen.

Der Vormittag war glühendheiß. Sobald sie aus dem Taxi gestiegen waren, umfing sie das geschäftige Treiben des Marktes. Die Leute starrten sie an und redeten auf sie ein, überall roch es nach Fisch. Arnaz entdeckte einen alten Mann, mit einem Gesicht voller Falten, der einen Holzkarren über den Parkplatz schob, auf dessen Seite ein rotes A gemalt war. Auf diesem Karren lag ein in der Hitze schimmernder großer, seltsamer Fisch. Sie rief Mark, der Meeresbiologe ist, und fragte, ob er wisse, was das für ein Fisch sei.

»Ich erkannte sofort, daß es ein Quastenflosser war«, erinnert er sich. »Ich zweifelte keine Sekunde lang daran. Als ich zwölf Jahre alt war, hatte ich ein Buch über den Quastenflosser gelesen, und er hatte mich seither nicht mehr losgelassen. Ich wußte, daß der Quastenflosser bisher nur im westlichen Indischen Ozean gefunden worden war, aber ich war nicht auf dem neuesten Stand und nicht sicher, ob man ihn inzwischen nicht auch in dieser Region gefunden hatte. Ich konnte es zuerst gar nicht so recht glauben, daß wir hier gerade über eine Riesenentdeckung gestolpert sein sollten.«

Er erklärte den anderen, um was für einen Fisch es sich handelte und warum man sich für ihn interessierte. Er war vollkommen durcheinander und wußte nicht, was er tun sollte – ob er den Fisch nicht einfach vom Fleck weg kaufen sollte. »Ich hielt meine Begeisterung im Zaum, weil mir so etwas schon einige Male passiert war. Abgesehen von den elf neuen Spezies von Stomatopoda (Heuschreckenkrebse), die ich in Indonesien entdeckt und beschrieben habe, hatte ich schon alle möglichen Arten vermeintlich unbekannter Lebewesen oder Verhaltensformen für die Wissenschaft entdeckt, ich hatte sie in aller Ausführlichkeit untersucht und photographiert – manchmal bin ich soweit gegangen, eins der Tiere zu töten und in einem Glas zu konservieren. Und immer lief es auf dasselbe hinaus – ich habe sie zum Smithsonian Institute in Washington oder einer ähnlichen Einrichtung gebracht, nur um festzustellen, daß sie von keinerlei Interesse waren. Das war peinlich, und mir tat es besonders um die Tiere leid, die ich getötet hatte.« Der Quastenflosser war wenigstens schon tot, andererseits war er aber auch zu groß, um in einem Marmeladenglas eingelegt zu werden. Mark dachte daran, daß sie nur ein paar Tage in der Stadt waren und in einem kleinen Hotelzimmer wohnten und noch eine ganze Menge zu erledigen hatten. Er und Arnaz würden einen Monat später nach Manado ziehen und mußten sich noch um alle möglichen Dinge kümmern, bevor sie nach Amerika zurückkehrten, und so gewann der gesunde Menschenverstand die Oberhand. »Ich war ganz neugierig geworden«, sagt Arnaz. »Meiner Meinung nach sollten wir unbedingt mehr über ihn herauszufinden versuchen. Um uns herum hatte sich mittlerweile eine Traube von Menschen gebildet – aber ich weiß nicht, wofür sie sich mehr interessierten, für uns oder für den Fisch. Sie fingen an, Vermutungen darüber anzustellen, was für ein Fisch das sei, aber es war ganz klar, daß sie keine Ahnung hatten – die meisten waren allerdings überzeugt, daß es ein Tiefseebarsch war.« Arnaz redete Mark zu, den Fisch zu photographieren und mit dem alten Mann zu reden. Er hatte seine Kamera nicht dabei und borgte sich daher die von Janel. Schnell machte er ein paar Photos von dem Quastenflosser in seinem hölzernen Karren.

Während Mark den Fisch untersuchte, fragte Arnaz den alten Mann aus. »Ihm schien es nicht zu behagen, soviel Aufmerksamkeit auf sich zu ziehen«, erinnert sie sich. »Er sah so aus, als wäre er glücklicher, wenn wir ihn in Ruhe ließen und er seinen Fisch an einen Händler verkaufen könnte. Ich fragte ihn, wo er ihn gefangen habe.

›*Dasar Laut*‹, antwortete er. Das war nun nicht besonders informativ, denn es hieß schlicht ›Auf dem Meeresgrund‹.

Ich fragte aber noch mal: ›Wo?‹

Er drehte sich um und deutete auf das Meer hinaus zu den Inseln vor der Küste.

›Weit draußen‹, sagte er.

›Fangt Ihr solche Fische oft?‹

›Selten.‹«

»Seine kurz angebundenen Antworten blieben mir im Gedächtnis«, fuhr Mark fort. »Da er so wenig Lust zu haben schien, von sich aus etwas zu erzählen, brach ich die erste Regel einer Befragung und fing an, ihn mit meinen Fragen in eine bestimmte Richtung zu drängen. Wie auch immer, auf mein Drängen hin erzählte er, daß er ihn in tieferen Gewässern gefangen hat, und ich verstand ihn so, daß es mit einer Handleine von seinem Einbaum gewesen war. Es sei nachts gewesen, und der Fisch habe nicht sterben wollen.«

Der Mann wurde immer unruhiger, und während sie sprachen, schmorte der Fisch in der Morgensonne vor sich hin. Sie beschlossen, den Mann seinen Geschäften nachgehen zu lassen, sicher, daß sie ihn an dem roten A auf dem Karren wiedererkennen würden. »Ich erinnere mich, daß ich noch zögerte, als er wegging«, sagte Mark. »Hätte ich ihn kaufen sollen? Mein Verstand sagte immer noch nein. Natürlich habe ich meine Entscheidung schon bald bereut. Ich hätte mich selbst ohrfeigen mögen dafür – das war der größte Fehler, den ich jemals gemacht habe. Ich habe ein Jahr lang viele schlaflose Nächte damit verbracht, mit mir zu hadern – zumindest hätte ich doch eine Schuppe nehmen können oder Blut oder eine Gewebeprobe! Ich hätte meine Ausrüstung sogar dabei gehabt, aber in diesem Moment war es mir einfach nicht eingefallen. Ich tröstete mich schließlich damit, daß wir zwei Jahre lang in Manado sein und in dieser Zeit ganz bestimmt einen anderen finden würden.«

Drei Tage später flogen sie nach Kalifornien. Während des langen Flugs ging der Quastenflosser Mark nicht aus dem Kopf. Am ersten Tag in Berkeley, wo er kurz zuvor seine Doktorarbeit über Heuschreckenkrebse abgeschlossen hatte, ging er zu Roy Caldwell, dem Institutsleiter, und fragte ihn, ob der Quastenflosser jemals außerhalb des westlichen Indischen Ozeans gefunden worden war.

»Meines Wissens nicht«, antwortete Caldwell. Sie suchten im Internet und in der Fachliteratur, aber nirgendwo wurde erwähnt, daß der Quastenflosser in einem Umkreis von Tausenden von Kilometern um Nordsulawesi lebte. Beide waren sehr aufgeregt wegen der offensichtlichen Bedeutung des Fundes, aber Mark beschloß, noch zu warten, bis Janel die Photographien vom Markt geschickt hatte, bevor er mit irgendwelchen Quastenflosser-Experten in Verbindung treten würde.

Vier Tage später besuchte er zusammen mit Arnaz seine Mutter in Ohio. Sie waren auswärts beim Mittagessen gewesen, und als sie zurückkamen, erfuhren sie, daß das Telefon gar nicht mehr aufgehört hatte zu klingeln. Roy Caldwell hatte einige Male angerufen, genauso ihr Freund John Intihar und David Noakles, ein Ichthyologe von der Guelph-Universität in Kanada. Alle waren offenbar wegen irgendeines Fisches furchtbar aufgeregt, berichtete Marks Mutter.

Mark rief Caldwell an, der ihm erklärte, daß er möglicherweise einen großen Fehler begangen hatte. Er hatte eine E-Mail von John Intihar erhalten, die dieser an alle Hochzeitsgäste geschickt hatte, um sie auf die »Flitterwochen-Website von Mark und Arnaz« einzuladen, die er und Janel eingerichtet hatten. Caldwell, ein ausgewiesener Technik-Freak, hatte sofort die Site aufgerufen, wo er unter jeder Menge Hochzeitsphotos auch ein Bild des Quastenflossers sah. Da war er, in Farbe, eindeutig und unverwechselbar – der alte Vierbeiner. Ganz begeistert war Caldwells erster Gedanke, einigen Kollegen in Berkeley eine E-Mail zu schicken und sie aufzufordern, »anzusehen, was Erdmann da in Indonesien gefangen hat«.

Zu den Leuten, mit denen er Kontakt aufnahm, gehörte George Barlow, ein bekannter Ichthyologe und Verhaltensforscher, der die Nachricht an David Noakes, einen seiner ehemaligen Studenten, weitergab. Noakes seinerseits war ein Kollege von Eugene Balon und Mitglied des Coelacanth Conservation Council. Er kannte die Gerüchte um die Raubzüge japanischer Aquarien und die lebensverlängernden Elixiere, die in China im Handel sein sollten, und als er das Bild sah, war sein erster Gedanke, welche katastrophale Folgen das für den Erhalt des Fisches haben könnte. Er rief Caldwell an, um ihm zu der erstaunlichen Entdeckung zu gratulieren, riet ihm aber auch, das Bild unverzüglich aus dem Web zu nehmen. Ein kurzer Anruf bei John Intihar genügte, und das Quastenflosser-Bild verschwand umgehend. Zu diesem Zeitpunkt hatten allerdings schon eine Reihe von Leuten von dem indonesischen Fisch erfahren.

Roy Caldwells Telefon hörte nicht mehr auf zu klingeln. Es gab Glückwunschanrufe, gleichzeitig wurden aber auch, wie immer im Zusammenhang mit dem Quastenflosser, viele Zweifel angemeldet. Zu den ersten Anrufern gehörte Eugene Balon, der mehrfach behauptete, daß es sich zweifelsohne um einen »Flitterwochen-Jux« handelt. Vic Springer vom Smithsonian Institute war zunächst skeptisch und stellte später die Hypothese auf, daß der Quastenflosser höchstwahrscheinlich von einem japanischen Trawler in den Komoren gefangen worden war, aber auf der Rückfahrt auf dem Fischmarkt von Manado entladen wurde, weil die Fischer Angst hatten, gegen die Auflagen des Artenschutzübereinkommens zu verstoßen.

Mark kehrte nach Berkeley mit dem Entschluß zurück, seinen Fang nicht gleich an die Öffentlichkeit zu bringen. »Ich wollte nicht, daß alle möglichen Leute in Manado einfallen und den Fischern riesige Belohnungen anbieten«, sagt er. »Zuerst sollte jeder Zweifel aus dem Weg geräumt sein. Deshalb hatte ich vor, selbst ein weiteres Exemplar zu suchen und sicherzustellen, daß es vor Ort Schutzmaßnahmen gab. Erst dann wollte ich mit der großen Neuigkeit vor die Welt treten.«

In der Hoffnung, in nicht allzu langer Zeit ein zweites Exemplar zu finden, kehrten die Erdmanns nach Manado zurück, einer geschäftigen Küstenstadt, die 1859 der Naturforscher Alfred Wallace als »eine der hübschesten im Osten« beschreibt. Sie bezogen ein Haus auf der Insel Bunaken, fünfzehn Kilometer von Manado entfernt und eines der besten Tauchgebiete der Welt. Mit seinen Korallengärten, den Sandstränden, seinen freundlichen Bewohnern und ohne Autos war die Insel ein idyllischer Ort, um dort zwei Jahre zu leben. Sie machten sich sofort auf die Suche nach dem Quastenflosser. Ihr erstes Ziel war der Fischmarkt von Manado, wo sie tagelang in der glühenden Hitze nach dem alten Mann und dem Karren mit dem roten A suchten. Beide blieben jedoch unauffindbar. Mit Schrecken fiel Mark und Arnaz ein, daß der Karren neu angemalt worden sein könnte – und selbst wenn sie ihn fanden, hieß das noch lange nicht, daß er sie zu dem alten Mann führen würde.

Sie schlugen daher einen neuen Kurs ein. Mark ließ Abzüge von dem Quastenflosser-Foto machen. Diese verteilte er auf dem Markt und setzte eine Belohnung aus, wenn ihm jemand einen Quastenflosser brächte. Keiner der Fischhändler schien den Fisch zu kennen. Viele sagten, es sei ein Barsch oder gaben irgendwelche seltsamen Vermutungen von sich. Ein Mann schien den Fisch schließlich zu erkennen. Er sagte, er würde *kabos laut* genannt – was in etwa Schlammspringer des Meeres heißt –, und das schien Mark durchaus plausibel.

»Zu diesem Zeitpunkt hatte mich das Fieber schon gepackt. Ich las alles über den Quastenflosser, was ich zwischen die Finger bekommen konnte, auch *Vergangenheit steigt aus dem Meer*, und dieses Buch hielt mich wirklich von der ersten bis zur letzten Seite in Atem. Seit ich ein kleiner Junge war, habe ich Geschichten über Meereserkundungen und Entdeckungsfahrten geliebt. J. L. B. mit seinem Quastenflosser-Abenteuer hat mir gut gefallen. Ich hätte gerne zu Darwins Zeiten gelebt, damals gab es noch echte Naturforscher und nicht nur wie heute spezialisierte Wissenschaftler – und diese Naturforscher bereisten die Welt und entdeckten neue und interessante Dinge. Ich war daher entschlossen, mir diese Gelegenheit nicht entgehen zu lassen und noch einen Quastenflosser zu finden, auch wenn das Magazin *Nature* mir zu verstehen gegeben hatte, daß sie bereit wären, allein aufgrund eines Photos einen Bericht zu veröffentlichen. Ich hatte aber kein Interesse daran, nur etwas über den Quastenflosser zu veröffentlichen und ihn dann gleich wieder zu vergessen.«

Ein Stipendium der National Geographic Society ermöglichte Mark, seine Suche weiter auszudehnen. Er begann, die küstennahen Inseln zu bereisen, und fragte die Fischer, ob sie den Quastenflosser kannten. Überall hinterließ er Kopien des Photos mit seiner Adresse und den Einzelheiten zur ausgesetzten Belohnung:

200 000 Rupien – pro Schwanz, Maximum drei Fische
Wenn Sie einen gefangen haben, bringen Sie ihn bitte sofort und ohne Umwege nach Bunaken und dort zu Dr. Mark Erdmann in Pangilisang Beach.
Bitte bringen Sie ihn sofort, bevor er zu verderben beginnt.

Er fing auf Bunaken an. »Die Antworten, die ich bekam, ließen sich in Kategorien einteilen«, erklärt er. »Manche Fischer starrten mich nur verständnislos an. Dann waren da jene, die sagten, sie wüßten, es sei ein *buku laut* (wörtlich Buch des Meeres), ein großer Fisch, der während des Nordwest-Monsuns Schutz unter Treibgut sucht – ich verwarf das als äußerst zweifelhaft. Und dann gab es schließlich diejenigen, welche sagten, es sei ein *ikan sede*. Das fand ich anfangs recht vielversprechend, es waren vor allem alte Fischer, die von Piraguas aus, also Einbäumen wie die *galawa* auf den Komoren, mit Handleinen fischen. Sie schienen die charakteristischen Merkmale des Fisches wiederzuerkennen – die Flossen, den Schwanz und die Schuppen – und sagten, sie fänden ihn meist in einer Tiefe von hundert Metern in der Nähe des Korallenriffs. Sie wurden ganz aufgeregt und meinten, sie würden bald einen für mich fangen. Meine Hoffnung stieg.«

In der darauffolgenden Woche besuchte er eine andere kleine Insel, Pulau Nain, wo er mit Fischern sprach, die mit Netzen auf Haifischjagd gingen. Sie sagten, daß sie den Fisch nicht kennen. »Ihr kennt *ikan sede* nicht?« fragte Mark.

»Natürlich kennen wir den, aber das ist kein *ikan sede*«, antworteten sie.

»Wir machten alle Höhen und Tiefen durch, es war eine richtige Achterbahnfahrt der Gefühle«, erinnert sich Mark. »Die halbe Zeit war ich vollkommen mutlos und wußte nicht, wem ich glauben sollte und wem nicht. Trotzdem drückte ich allen, mit denen ich sprach, ein Photo und meine Adresse in die Hand.«

Mitte März 1998 fuhren Mark und Arnaz auf die nächstgelegene Insel Manado Tua, einen erloschenen Vulkan, der sich wie ein riesiger Ameisenhügel aus dem Meer erhebt. Die Insulaner bewohnen einen schmalen Küstensaum. Die meisten verdienen ihren Lebensunterhalt mit dem Fischfang, und nur eine Minderheit erntet Kokosnüsse und baut Bananen, Mangos und scharfe Chilies auf den dichtbewachsenen steilen Abhängen des Berges an. Mark und Arnaz kletterten bis zu dessen Spitze und ließen ihre Köchin, Ita, deren verstorbener Ehemann von Manado Tua stammte, zurück, um Erkundigungen unter den Fischern einzuholen. Als sie von ihrem Ausflug zurückkamen, lief ihnen Ita aufgeregt entgegen: »Ich habe jemanden gefunden!« rief sie und brachte sie zu Om Lameh Sonathon.

Om Lameh, ein schmächtiger Mann mit einem scheuen

Lächeln, war sechsundfünfzig Jahre alt, wie er ihnen erzählte, und fischte seit fünfzehn Jahren. Jeden Abend fuhr er mit einer elf Mann starken Besatzung auf seinem nicht mehr ganz neuen sieben Meter langen Boot, der *Trinitas,* hinaus, um die tiefen Wandnetze nahe der Korallenriffs auszulegen. Die begehrtesten Fänge waren Haie, denen die Flossen abgeschnitten wurden, die man nach China und Taiwan zur Herstellung von Haifischflossensuppe verkaufte, aber auch Tiefseebarsche und Schnapper. Mark erzählt: »Er schien den Fisch auf dem Bild sofort zu erkennen. Ja, er hatte schon welche vor der Südostküste von Manado Tua gefangen, vielleicht zwei oder drei im Jahr. Nein, es war bestimmt kein *ikan sede* – dieser Fisch war dicker und öliger. Sie nannten ihn *rajah laut* – den König des Meeres.«

Dies war das erste Mal, daß Mark von einer Identifizierung des Fisches vollkommen überzeugt war. Er wurde darin noch bestärkt, als Om Lameh vorschlug, mit einem anderen Wandnetz-Fischer, Maxon Haniko, an der Westküste der Insel zu sprechen. »Maxon war ein jüngerer Mann, vielleicht Anfang Dreißig, der ziemlich selbstsicher auftrat. Auch er schien den Quastenflosser zu kennen und wollte unbedingt einen für mich fangen, aber leider hatte er ein Problem mit seinem Bootsmotor. Ich kam mit ihm überein, ihm meinen eine Zeitlang zu borgen. Wir gingen zu unserem Boot zurück, um den Motor zu holen, und als wir zurückkehrten, um ihn Maxon zu geben, saß da ein alter runzeliger Mann bei ihm, der mir irgendwie bekannt vorkam. Maxon stellte ihn als seinen Vater vor, und als ich mich hinsetzte und begann, noch einmal meine Geschichte von dem Fisch auf dem Markt zu erzählen, blickte er plötzlich auf und rief ganz aufgeregt: ›Der Mann auf dem Markt, das war ich!‹«

Auf diese Bestätigung hatte Mark gewartet. Om Maxons Vater erklärte, er wäre dort gewesen, um einen von seinem Sohn gefangenen *rajah laut* zu verkaufen – er selbst hatte noch nie einen mit einer Handleine von seinem kleinen Einbaum aus gefangen. Er erzählte, daß er ihn an einen Fischhändler verkauft hatte, der ihn sofort an einen Chinesen weiterverkaufte. Überhaupt, sagte der alte Mann, waren es immer Chinesen gewesen, die einen von ihm angebotenen *rajah laut* erworben hätten. »Er fand das sehr komisch«, erinnert sich Mark. »Im allgemeinen sind die Chinesen hier reicher als die anderen Inselbewohner und verbergen ihren Reichtum auch nicht. Es ging die Rede, der Fisch verursache Durchfall. Der alte Mann dachte also, die Chinesen kauften den Fisch in dem Glauben, es sei ein Barsch, und würden ihn dann essen, nur um sich auf dem Klo wiederzufinden!«

Wenn der Quastenflosser *rajah laut* war, was war dann der *ikan sede*? Mark und Arnaz mußten nicht lange warten, um das herauszufinden. Ein paar Tage später kam Daeng Said, ihr Bootsführer, frühmorgens zu ihrem Haus und sagte, daß ein *ikan sede* gefangen wurde und ein Fischhändler am Strand von Bunaken mit dem Fisch auf Mark wartet. Said glaubte nicht, daß es der Fisch war, nach dem sie suchten, aber sie machten sich trotzdem ohne Umschweife auf den Weg zum Strand. Dort fanden sie einen riesengroßen braunen Fisch mit großen Augen, einem großen Maul und kurzen, stacheligen Schuppen. Mark konnte erkennen, daß es ein Tiefseefisch war, aber abgesehen von seiner Größe hatte er keine Ähnlichkeit mit einem Quastenflosser. Er dankte dem Fischhändler und zahlte ihm eine angemessene Summe, machte ein paar Fotos von dem Fisch und gab Said und Ita jeweils ein Stück zum Probieren. Beide zögerten zunächst etwas – sie hatten die Geschichten von dem öligen Durchfall gehört –, aber Ita aß ihr Stück und erklärte, der Fisch sei köstlich.

Mark ging nach Hause und versuchte den *ikan sede* zu bestimmen. Er fand ein Bild des Fisches auf der Website der amerikanischen Gesundheitsbehörde. Es stellte sich heraus, daß es sich um den alten Freund und Nachbarn des Quastenflossers auf den Komoren handelte – *nessa*, der Ölfisch, *Ruvettus pretiosus*. »Jetzt war uns klar, daß die Fischer von Bunaken nicht wußten, wonach sie suchen sollten – der Schwanz des Quastenflossers und der des Ölfisches konnten kaum verschiedener sein. Wir entschlossen uns, unsere Bemühungen auf die Fischer von Manado Tua zu konzentrieren.«

Von nun an besuchte Mark Om Lameh und Maxon alle paar Tage. Er erhöhte die Belohnung auf 600000 Rupien, in etwa der Marktpreis für zwei große Haie. »Ich habe lange über die Höhe der Summe nachgedacht«, erklärt er. »Es mußte genug sein, damit die Fischer es der Mühe wert fanden, ihn zu mir zu bringen, wenn sie einen gefangen hatten, statt ihn auf dem Markt zu verkaufen – aber dann durfte es auch wieder nicht so viel sein, daß die Neuigkeit herumging, es gebe da diesen verrückten Typen, der ein Vermögen für einen Fisch bietet. Das hätte nur dazu geführt, daß eine Armada von Fischerbooten vor Manado Tua aufgetaucht wäre, um Jagd auf den *rajah laut* zu machen. Ich wollte schließlich nicht für den massenhaften Tod von Fischen verantwortlich sein. Anfangs hatte ich Sorge, ich würde mit Quastenflossern überschwemmt werden – daher habe ich nicht denselben Weg wie J. L. B. Smith eingeschlagen und sämtliche Dörfer mit Plakaten zugepflastert.«

Bald merkte er, daß er zu optimistisch gewesen war. Die Monate vergingen, und nichts passierte. In Indonesien brachen Unruhen aus, die Wirtschaft geriet in eine schwere Krise, Präsident Suharto trat zurück, und eine Zeitlang waren die Straßen in den meisten großen Städten von wütenden Demonstranten bevölkert. In Nordsulawesi aber blieb alles ruhig. Mark fuhr in der Dämmerung mit auf Om Lamehs Boot hinaus und sah zu, wie die Fischer vorsichtig ihre 100-Meter-Netze, an denen sie Steine befestigt hatten, um ein Abdriften zu verhindern, an den steilen Riffwänden herunterließen. Bei Sonnenaufgang beobachtete er sie beim Einholen der Netze, ein Dutzend drahtiger Männer, die wie eine Profimannschaft von Tauziehern vollkommen synchron arbeiteten. Jedes Mal wenn das Netz an die Wasseroberfläche kam, erwartete Mark, einen Quastenflosser zu sehen, aber immer wurde er enttäuscht. Er untersuchte die Temperatur und Tiefe eines jeden Fangplatzes. Es schien so, als lebte der *rajah laut* in derselben Tiefe und demselben Temperaturbereich (zwischen sechzehn und zwanzig Grad) wie der komorische Quastenflosser. Mitte Juli 1998 erhöhte Mark die Belohnung auf eine Million Rupien. »Ich wünschte ihnen viel Glück und forderte sie auf, es weiter zu versuchen und mir irgendwann den Fisch zu bringen.«

Zwei Wochen später und 10000 Kilometer weit entfernt war Marjorie Courtenay-Latimer, eine muntere Neunzigjährige, Ehrengast bei einer Feier, die von der südafrikanischen Münzanstalt anläßlich der Ausgabe einer limitierten Zahl von Quastenflosser-Sammelmünzen aus Gold veranstaltet wurde. Der Abend wurde vom Two Oceans Aquarium in Kapstadt ausgerichtet. Mike Bruton stellte Marjorie vor: »Meine Damen und Herren, am heutigen Abend weilt eine der wichtigsten Persönlichkeiten der südafrikanischen und westlichen Wissenschaft unter uns«, begann er. »Jemand, der eine entscheidende Rolle bei der größten Entdeckung in der Biologie in diesem Jahrhundert spielte, der Entdeckung des ersten lebenden Quastenflossers – ich spreche natürlich von Marjorie Courtenay-Latimer.«

Marjorie ging ans Mikrophon, um eine kurze Rede zu halten. Sie wolle der südafrikanischen Münzanstalt für die große Ehre danken, sagte sie, und die Ereignisse, die zu der Entdeckung des Fisches geführt hatten, schildern. Als sie anfing zu sprechen, legte sie ihre vorbereiteten Notizen zur Seite und erzählte frei aus der Erinnerung von Kapitän Goosen, Bird Island, J. L. B. Smith und vom ersten Anblick des schönen blauen Fisches. Sie führte die Zuhörer sechzig Jahre in die Vergangenheit zurück, in ein kleines Museum in East London und zu einer jungen Frau, die unbeirrbar glaubte, daß der seltsame Fisch, den sie gefunden hatte, etwas Besonderes war und gerettet werden mußte.

»Der Quastenflosser läßt mich nicht los«, erklärte sie, als sie ihre Erzählung beendet hatte. »Es ist wie ein Perpetuum mobile. Manchmal denke ich, daß ich genug habe von diesem Fisch, schließlich bin ich noch an anderen Dingen interessiert. Ich habe vierzig Jahre an diesem Museum verbracht und es praktisch aus dem Nichts aufgebaut. Dabei ging es mir um so viel mehr als bloß den Quastenflosser: Mein Ziel war, es so einzurichten, daß man es genießen konnte, auch wenn man nur eine Viertelstunde Zeit hatte. Ich gestaltete die Aquarien der Fische mit Korallen und Algen, die Vögel wurden alle in Nachbildungen ihrer natürlichen Umgebung gezeigt. Als ich in den Ruhestand ging, habe ich fünfzehn Jahre lang auf einer kleinen Farm gelebt und ein Buch über die Wildblumen des dortigen Nationalparks geschrieben. Aber den Quastenflosser konnte ich nie ganz vergessen. Zum fünfzigsten Jahrestag seiner Entdeckung wurde ich auf die Komoren zu einer Feier im Museum eingeladen, es war ein wunderbares Erlebnis. Wegen des Quastenflossers war ich sehr privilegiert, man hat mich regelrecht verwöhnt. Der Quastenflosser hat mich weltberühmt gemacht, und noch heute bekomme ich von Menschen aus aller Welt Briefe – auch sehr nette Briefe von Schulkindern –, die etwas über den Quastenflosser wissen wollen. Ich versuche, jeden einzelnen Brief zu beantworten. Ohne den Quastenflosser wäre ich natürlich auch nicht hier, um heute abend diese hübsche Goldmünze in Empfang zu nehmen.«

Zur gleichen Zeit, als der Leiter der südafrikanischen Münzanstalt Marjorie eine Quastenflosser-Gedenkmünze aus feinstem südafrikanischem Gold überreichte, tauchte zehntausend Kilometer entfernt am anderen Ende des Indischen Ozeans ein goldgefleckter Quastenflosser aus seiner Höhle auf und ging in das Netz, das Om Lameh vor der Südostküste von Manado Tua ausgelegt hatte. Ein paar Stunden später, am 30. Juli 1998, warteten Mark und Arnaz Erdmann zu Hause auf ihren Bootsmann Said, der sie mit dem Boot in die Stadt bringen sollte. »Er war spät dran, was ungewöhnlich für Said war«, erinnert sich Mark. »Um zehn nach acht sah ich das Boot um die Biegung kommen. An Bord waren mehrere Leute, was auch ungewöhnlich war, aber ich dachte, daß Said den Leuten angeboten hatte, sie nach Manado mitzunehmen. Er rannte die Stufen hoch und lehnte sich in den Türrahmen meines Arbeitszimmers. Er grinste von einem Ohr zum anderen, tat aber so, als wäre nichts. Arnaz begrüßte ihn und fragte, wie es ihm ginge, und da konnte er nicht länger an sich halten und er platzte heraus: ›Wir haben einen *rajah laut*!‹

Ich sah zur Anlegestelle hinunter, und dort konnte ich den riesigen Fisch sehen, den Om Lamehs Sohn an einer seichten Stelle des Wassers festhielt. Wir rannten die Stufen zum Strand runter, Arnaz mit einer Videokamera in der Hand. Wir waren furchtbar aufgeregt. Ich sah mir den Fisch genauer an und wußte – ja, es war eindeutig ein Quastenflosser, ein waschechter Quastenflosser! Was dann passierte, ähnelte dem, was J. L. B. beschrieben hatte. Eine Million Gedanken rasten mir durch den Kopf: Was sollte ich tun, was sollte ich sagen?«

Arnaz filmte den Quastenflosser, wie er langsam in dem dreißig Zentimeter tiefen Wasser herumpaddelte. Er war eindeutig am Verenden: Ständig versuchte er, sich auf den Rücken zu drehen, und in der empfindlichen vorderen Rückenflosse hatte er einen Riß. Während Frau Erdmann Om Lameh mit dem Quastenflosser in seinen Armen filmte, machte Mark Photos. Die ganze Zeit über lag ein breites Grinsen auf seinem Gesicht. Er bat Said und Om Lameh, den Fisch mit nach oben gerichtetem Schwanz und ausgestreckten Flossen vor die Kamera zu halten. Doch dauernd mußte er daran denken, was er alles zu tun hatte.

»Da der Fisch noch ganz lebendig aussah, beschlossen wir, ihn für ein paar Photos in tieferes Wasser zu bringen. Wir schnappten uns unsere Tauchausrüstungen und meine Unterwasserkamera und brachten den Quastenflosser raus zu einer flachen Stelle des Riffs, wo wir ihn in einer Tiefe von zwei Metern photographieren konnten. Die Sicht war leider nicht besonders gut, und es war nicht seine natürliche Umgebung, deshalb schlug ich vor, ihn bis an die Kante des Riffs zu bringen. Arnaz war dagegen, weil der Fisch blutete und sie sich Sorgen machte, daß er von einem Hai angegriffen werden könnte. Aber ich hatte das Gefühl, es ohne weiteres mit jedem Hai aufnehmen zu können.«

Mark konnte sie schließlich überreden, und sie zogen den Quastenflosser mit dem Boot über das Riff hinweg. Als das Wasser über seine Kiemen strömte, schien wieder Leben in ihn zu kommen. Er versuchte nicht mehr, sich auf den Rücken zu drehen, und begann, mit seinen Flossen zu rudern. Sie tauchten einige Meter tief mit ihm hinab. Er bot keinen Widerstand und versuchte weder zu kämpfen noch zu fliehen.*

»Wir waren ungefähr fünfundvierzig Minuten unten. Es herrschte eine starke Strömung, und die Sicht war schlecht«, erzählt Mark. »Ich war wegen der Haie sehr vorsichtig und sah

* Als sie die Riffwand entlangschwammen, fuhr ein Boot über sie hinweg. Wie es der Zufall wollte, saß Peter Scoones in diesem Boot, jener Kameramann von der BBC, der 1977 den sterbenden Quastenflosser auf den Komoren gefilmt hatte. Dieses Mal filmte er laichende Clownsfische, und die unmittelbare Nähe eines Quastenflossers blieb ihm verborgen.

mich immer wieder nach ihnen um. Ich war auch sehr mit den technischen Details beschäftigt, wie ich ihn beispielsweise richtig vor die Kamera bekam und nicht gleichzeitig Arnaz mit im Bild hatte.«

»Ich schwamm mit dem Strick in der Hand neben dem Quastenflosser her«, fährt Arnaz fort. »Immer wieder versuchte er, sich auf den Rücken zu legen, deshalb habe ich ihn gestützt und zurück in die Schwimmposition gebracht. Ich war vollkommen hingerissen von seiner Schönheit – er sah aus, als steckte er in einer goldenen Rüstung. Er schwamm ganz ruhig und schien überhaupt keine Angst zu haben. Immer mal wieder nahm er einen tiefen Schluck Wasser. Er erinnerte mich an eine spanische Tänzerin, wenn er seine Flossen wie einen Volantrock schwang.«

»Zu diesem Zeitpunkt ging es ihm eindeutig etwas besser«, sagt Mark. »Als ich für ein paar Nahaufnahmen näher an ihn heran schwamm, merkte ich das ganz deutlich. Er war wunderschön, jede Schuppe schien mit Gold gesprenkelt zu sein. Ich faßte ihn an und spürte, daß er sehr weich war. Ich konnte meine Arme um ihn legen und ihn drücken, und es war so, als würde ich ein Baby mit einer weichen, jungen Haut umarmen und nicht einen großen, harten Fisch. Was mich am meisten fesselte, waren seine Augen: Sie waren groß, und bei einem bestimmten Lichteinfall leuchteten sie grün, wie die von einem Alien, und immerzu sahen sie mich an – wohin ich auch schwamm, seine Augen folgten mir. Als wir noch im seichten Wasser waren, hatte der Fischer gesagt: ›Nimm dich vor seinem Maul in acht – er könnte dich beißen‹, aber das kam mir die ganze Zeit über nicht in den Sinn. Er schien ganz sanft und ruhig zu sein.«

Als sie das letzte Photo gemacht hatten, brachten sie den Quastenflosser zu der flachen Stelle des Riffs zurück. Mark holte seine Ausrüstung zum Präparieren, die Phiolen für die

Proben, den Behälter mit flüssigem Stickstoff und Alkohol, und dann legte er den Fisch in eine große, mit Wasser gefüllte grüne Kühlbox und lud ihn ins Boot. Es war die größte Kühlbox, die sie finden konnten, aber sie war für den Fisch immer noch zu klein. Er lag ganz eingezwängt darin, an dem einen Ende hing sein ungewöhnlicher Schwanz heraus, und von Zeit zu Zeit schlug er schwach mit seinen Flossen.

»Ich war richtig berauscht vor Begeisterung und von dem Adrenalinschub, gleichzeitig brach es mir aber auch das Herz, ihn langsam sterben zu sehen, gerade weil wir mit ihm herumgeschwommen waren«, erinnert sich Mark. »Er war so außergewöhnlich, es war keine Spur von Wildheit an ihm. Ich hatte den Eindruck, daß er äußerst sanftmütig und klug ist. Früher habe ich viel mit dem Speer nach Fischen gejagt und daher schon viele Fische sterben sehen – der Tod ist bei den meisten alles andere als würdevoll. Sie winden sich und schlagen mit ihrem Schwanz wie wild um sich Aber der Quastenflosser wirkte sehr würdevoll auf mich. Es war sehr, sehr traurig. Ich muß ehrlich sagen, wenn er nicht schon am Verenden gewesen wäre, als wir ihn photographierten, ich hätte ihn in die Freiheit entlassen.«

J. L. B. Smith hätte das Dilemma, in dem sich Mark Erdmann befand, gut verstanden, aber letztlich dieselbe Entscheidung getroffen. Marks Schwimmkamerad wäre zweifellos innerhalb weniger Stunden nach seiner Freilassung gestorben – bis zum heutigen Tage hat kein Quastenflosser das Trauma des Gefangenwerdens überlebt –, und seine wertvollen inneren Geheimnisse wären augenblicklich im Magen eines der räuberischen Haie, die an den äußeren Riffs patrouillieren, verschwunden. Diese Geheimnisse werden der Anfang eines neuen Kapitels in der Erforschung des wunderbarsten Lebewesens der Welt sein und dazu beitragen, das Fortbestehen seiner Art für weitere vierhundert Millionen Jahre zu sichern.

Der Quastenflosser hielt noch fast bis an das Ende der halbstündigen Bootsfahrt nach Manado durch, auch wenn er sich immer weniger bewegte. Schließlich konnte man nur noch an seinen Augen erkennen, daß er lebte, und als sich das Boot dem Hafen näherte, erlosch auch in ihnen das Leben, und ruhig und mit Würde starb der indonesische König des Meeres.

Terra incognita

Der Trost der Meere

Mark Erdmanns Artikel erschien am 24. September 1998 in *Nature*, in der schon fast sechzig Jahre zuvor J. L. B. Smith über den Quastenflosser berichtet hatte. Erdmanns Entdeckung wurde sofort zu der »zoologischen Sensation des Jahrzehnts« erklärt und erhielt die entsprechende Aufmerksamkeit. Weltweit verwendeten die Zeitungen das Bild des Quastenflossers als Aufmacher, und es tauchte im Fernsehen und im Internet auf. Unter der Schlagzeile »Die zweite Heimat des Fisches aus dem Dinosaurier-Zeitalter wurde entdeckt« erschien in der *New York Times* ein langer Artikel, in dem der Quastenflosser als »häßlich, aber faszinierend« beschrieben wurde. »Fisch auf dem Seziertisch war 360 Millionen Jahre alt«, verkündete der *Daily Telegraph*, während sich die Nachrichtenkanäle CNN, BBC, ABC und Fox auf die romantische Seite der Geschichte – die Flitterwochen der Erdmanns – konzentrierten. Jerry Hamlins Website dinofish.com erreichte die Rekordzahl von 6500 Anfragen pro Tag. Dieses Mal gingen die Wogen höher als 1939, als Mr. Adams vom *Daily Dispatch* die Geschichte von *Latimeria chalumnae* in East London verbreitet hatte.

Wie nicht anders zu erwarten, fiel die Quastenflosser-Welt in einen Zustand nahe der Hysterie. Einige Wissenschaftler behaupteten, schon die ganze Zeit von dem Geheimnis gewußt zu haben, während andere ihre anfängliche Skepsis vergaßen und gleich ihre Tauchausrüstungen einpackten. Zwischen den großen ichthyologischen Zentren liefen die Cyberleitungen heiß, auf denen die Quastenflosser-Spezialisten ihre Vermutungen austauschten, einmal Gesagtes wieder zurücknahmen und wild über die Bedeutung der Meldung debattierten.

Gleich nachdem ihn die Nachricht erreicht hatte, überlegte Hans Fricke, ob er mit der *Jago* nach Manado Tua fahren sollte. Er nahm die Nachricht über eine neue Quastenflosser-Population mit gemischten Gefühlen auf. »Für die Wissenschaft sind das ganz wunderbare Neuigkeiten«, sagte er mit einem Grinsen. »Es scheint so, als sei der gute alte Quastenflosser schlauer und zäher, als wir dachten.« Er dachte aber auch an die möglichen nachteiligen Folgen. »Mir tun die Leute auf den Komoren leid. Ich hoffe, das hat keinen Einfluß auf die Bemühungen zum Erhalt der dortigen Population. Vielleicht hat der Quastenflosser in Indonesien eine größere Chance zu überleben, wo sie aus den Fehlern, die auf den Komoren gemacht wurden, lernen und versuchen können, den Fisch von Anbeginn an zu schützen.«

Für die Mehrheit der Wissenschaftler war die Entdeckung, die Mark Erdmann in Indonesien gemacht hatte, auf jeden Fall Anlaß zur Freude. Sie eröffnete nicht nur neue Gebiete, die erforscht werden mußten, und warf neue Fragen auf, die zur Diskussion standen; diese Entdeckung bedeutete vor allem, daß die Quastenflosser-Population weltweit größer war, als man bislang gedacht hatte.

»Es ist fast nicht zu glauben, daß der Quastenflosser in Indonesien gefunden worden ist, schließlich hatten wir angenommen, daß sein Herkunftsgebiet bei Madagaskar oder den Komoren liegt«, sagte Robin Stobbs. »Es scheint, als lebten beide Quastenflosser-Populationen in ähnlichen Tiefen und Temperaturbereichen und in ähnlich felsigen und vulkanischen Gegenden, darüber hinaus leistet ihnen der Ölfisch Gesellschaft. Beide werden um Neumond herum, also in dunklen Nächten, gefangen, und die Haifischnetze der indonesischen Fischer sind die gleichen Netze, mit denen ZeZe, der madagassische Fischer, die zwei Exemplare vor Madagaskar gefangen hat. Die historischen Parallelen wie auch die Ähnlichkeit der Lebensräume sind bemerkenswert.«

Mehr als zehntausend Kilometer liegen zwischen Manado und Moroni, der ganze riesige Indische Ozean. Vor zweitausend Jahren verließen Menschen in ihren Langbooten ihre indonesische Heimat und folgten der Strömung nach Westen in eine Terra incognita. Schließlich landeten die Glücklicheren unter ihnen auf den unberührten und unbevölkerten komorischen Inseln vor der afrikanischen Küste. Sie nutzten ihre Fähigkeiten und Methoden des Fischens aus ihrer Heimat, und vielleicht fanden sie dort in der fremden Flora und Fauna einen großen und geschuppten Fisch, der ihnen bekannt vorkam.

Auf den ersten Blick hatte Mark Erdmann den Eindruck, daß der indonesische Quastenflosser mit seinem komorischen Gegenstück nahezu identisch war. Der einzige auffällige Unterschied war die Farbe: Während der lebende komorische Fisch immer als stahlblau mit weißen Flecken beschrieben wurde, war der *rajah laut* eindeutig braun, er hatte zwar dieselbe weiße Zeichnung, wies aber darüber hinaus ein intensiv glänzendes Muster aus goldenen Flecken auf, das seine Seiten bedeckte. Der goldene Schimmer, erzeugt durch prismatische Lichteffekte der kleinen, stacheligen Zähnchen auf seinen Schuppen, war bislang nirgendwo erwähnt worden, und Mark sah darin einen Hinweis, daß sein Fisch nicht das exakte Ebenbild des komorischen *Latimeria chalumnae* war. Den Beweis sollte eine genaue genetische Untersuchung erbringen.

Kaum eine Stunde nachdem der Fisch verendet war, hatte Mark Erdmann den wichtigsten Organen Gewebeproben entnommen und sie in flüssigem Stickstoff konserviert. Zwei Monate später, vier Tage, nachdem der Artikel in *Nature* erschienen war, stieß Susan Jewett zu ihm, eine Mitarbeiterin des Smithsonian Institute in Washington, DC, die seine Begeisterung für den Quastenflosser teilte. Sie war nach Indonesien gekommen, um Mark beim Präparieren und Konservieren seines Quastenflossers zu helfen. Sie holten den Fisch aus seiner Notunterkunft, dem Gefrierschrank von Marks Vermieterin, legten ihn vorsichtig in eine Styroporkiste und brachten ihn im Flugzeug nach Jakarta. Von dort transportierten sie ihn mit dem Auto zum Zoologischen Museum in Bogor, das eine Autostunde vom Flughafen entfernt lag. Er wurde rasch in den chromblitzenden Präpariersaal des Museums gebracht, wo sie ein Publikum, das sich aus den Spitzen der wissenschaftlichen Gemeinde Indonesiens zusammensetzte, erwartete. Mark und Susan zogen lange Handschuhe und Gasmasken über – zum Schutz gegen die austretenden Formalindämpfe –, als machten sie sich für einen biologischen Krieg bereit. Sie wogen (29,8 Kilogramm) und maßen (124 Zentimeter) den Fisch, und dann injizierten sie ihm ein Konservierungsmittel und brachten ihn für die Ausstellung in eine lebensähnliche Position. Beim Präparieren fanden sie in seinem Bauch drei kleine Eier, ein eindeutiger Hinweis darauf, daß der Er eine Sie war, das zweitkleinste trächtige Weibchen, das bis heute gefunden worden ist.

Zu dieser Zeit ging in der Fachwelt das Gerücht um, daß Susan Jewett die Absicht habe, den über ein Meter zwanzig langen Fisch in ihrem Koffer nach Amerika zu schmuggeln. Dem trat Mark sofort entgegen. »Es war von Anfang an klar, daß der erste Fisch in Indonesien bleiben sollte«, erklärte er. »Es wird uns hoffentlich gelingen, im Rahmen des Artenschutzübereinkommens die Erlaubnis zu erwirken, den nächsten Fisch nach Washington zu schicken, das von Jakarta aus gesehen genau auf der anderen Seite der Erdkugel liegt.«

Susan Jewett kehrte an das Smithsonian Institute zurück, um dort zu warten, bis es soweit war, und in ihrem Koffer befand sich nichts als die Kleidungsstücke, mit denen sie losgefahren war. Als Mark nach Manado zurückkehrte, hatte dort schon eine regelrechte Quastenflosser-Manie eingesetzt: Die nationalen Medien befanden sich in einem Freudentaumel über die gute Nachricht, und inzwischen waren auch eine Menge Gerüchte und seltsamer Geschichten im Umlauf. Auf dem Fischmarkt hatte man gehört, daß ein Ortsansässiger zwei Millionen Rupien für einen *rajah laut* geboten hatte. Ein amerikanischer Wissenschaftler, der dringend frisches Hirngewebe von einem Quastenflosser suchte, organisierte offenbar gerade eine Expedition zu den Inseln. Ein indonesischer Berufstaucher bestand darauf, daß er den Quastenflosser beim Tauchen gefunden hätte, und ein Stammgast einer Pension auf Bunaken behauptete steif und fest, daß der Besitzer seinen Gästen regelmäßig Quastenflosser-Satay servierte.

Die Franzosen versuchten natürlich, Mark Erdmanns Entdeckung zu überbieten. Innerhalb weniger Stunden nach der Bekanntgabe in *Nature* wurde auf einer kryptozoologischen Website behauptet, daß ein französischer Unternehmensberater namens Georges Serres 1995 südlich von Java einen zehn Kilogramm schweren Quastenflosser gefangen hatte, als er nachts auf Hummerfang war. Er hatte ihn gesalzen und getrocknet, bevor er ihn der lokalen Fischereibehörde übergab, die versprochen hatte, ihn an das ozeanographische Institut in Jakarta zu schicken. Dummerweise wurden Serres´ sämtliche Habseligkeiten – inklusive der Photograpien des Fisches – gestohlen, als er das Land verlassen wollte, und das Institut hat offensichtlich keine Aufzeichnungen über den Erhalt des Exemplars. »Wenn wir jemanden finden würden, der nachweisen könnte, daß sich das von Monsieur Serres präparierte Exemplar noch immer in dem Institut in Jakarta befindet, wäre das ein ganz schöner ›Gegenschlag mit einer netten nationalistischen Note‹«, schrieb ein französischer Wissenschaftler.

Besorgniserregender war, daß bereits im ersten Monat nach

der Bekanntgabe des Fundorts des indonesischen Quastenflossers die Fischer von Manado Tua – die örtlichen Superstars Om Lameh und Maxon und ihre Mannschaften von mindestens fünf japanischen Gruppen (oder vielleicht war es auch dieselbe Gruppe fünfmal) angesprochen wurden, die ihnen immer größere Summen anboten, um sie zur Zusammenarbeit bei der organisierten Jagd auf Quastenflosser zu bewegen. Mark Erdmann ist entschlossen, jeden davon abzuhalten, ihm vor seiner Nase einen Quastenflosser wegzuschnappen. Wie so viele Menschen, die mit dem Quastenflosser in Berührung gekommen sind, ist auch er dem Zauber des Fisches erlegen. Seit dem 18. September 1997, als er den Fisch zum ersten Mal auf dem Fischmarkt von Manado gesehen hat, denkt er kaum mehr an etwas anderes.

Ende 1998 reiste er einige Male nach Jakarta, um die Teilnehmer eines indonesischen Quastenflosser-Think-tanks zu treffen. Die Ergebnisse stimmten optimistisch: Es wurde vereinbart, einen ministeriellen Erlaß zu erwirken, der den Quastenflosser zum Teil des nationalen Erbes von Indonesien erklärt und bestimmt, daß er als solcher für zukünftige Generationen zu schützen sei. Der Antrag auf Einrichtung eines Quastenflosser-Informationszentrums wurde begeistert aufgenommen.

Anfang 1999 kamen die ersten Ergebnisse der wichtigen DNA-Untersuchungen aus dem Labor. (Die Tests verglichen die DNA in den winzigen Mitochondrien – Tausenden von bakterienähnlichen Kraftwerken – in jeder Zelle und nicht die komplexere DNA im Zellkern.) Man erhielt eine Sequenz von 3221 Trägern des mitochondrialen genetischen Bauplans des indonesischen Quastenflossers, und eine eingehende Computeranalyse ergab, daß sie eine 3,4prozentige Divergenz zur Sequenz des komorischen Quastenflossers aufweist. Das ist ein wesentlicher Unterschied, aber doch nicht groß genug, um den indonesischen Fisch als eine neue Spezies zu bezeichnen.* Ob es eine neue Spezies ist oder nicht, wird man erst sagen können, wenn ein weiterer *rajah laut* gefangen worden ist, und Morphologen die Möglichkeit hatten, den indonesischen mit dem komorischen Fisch zu vergleichen. Da der komorische *Latimeria chalumnae* keine nahen Verwandten hat, ist es unmöglich, den Zeitpunkt zu bestimmen, wann die genetische Veränderung stattfand – wann also der komorische Fisch seine indonesische Familie verließ (oder umgekehrt). Man schätzt, daß das vor etwa 5,5 bis 7,5 Millionen Jahren geschah.

Diese Vermutung scheint ein Rätsel zu lösen, über das sich seit Bekanntgabe der Existenz des indonesischen Fisches die Quastenflosser-Süchtigen die Köpfe zerbrachen: wer war zuerst da – *gombessa* oder *rajah laut*? Vor siebeneinhalb Millionen Jahren gab es noch keine Komoren, die Vulkane mußten erst noch aus dem Meer auftauchen, um das Land zu erschaffen. Große tektonische Verschiebungen veränderten das Angesicht der Erde. Es ist möglich, so Mark Erdmann, daß die enormen Kontinentalverschiebungen, die zur Bildung der Indisch-Australischen Platte geführt haben und somit zur Trennung des Indischen und Pazifischen Ozeans im Miozän, also vor 25 Millionen Jahren, einen Teil der Quastenflosser-Population vom Rest abgeschnitten haben. Wenn das der Fall gewesen sein sollte, ist vorstellbar, daß es über die ganze Welt verstreut noch andere Quastenflosser-Populationen gibt.** »Es ist äußerst

* Bei Salamandern würde eine solche Divergenz zwei verschiedene Spezies bedeuten, während sie bei Vögeln und Schnecken sehr wohl innerhalb der Variationsbreite einer einzelnen Spezies liegt.

** Im März 1999, kurz vor der Veröffentlichung der von Mark Erdmann und seinem Team erzielten Ergebnisse in *Nature*, berichtete der französische Wissenschaftler Laurent Pouyard, ein Experte für Welse, in *Comptes rendus de l'Académie des Sciences* über die Ergebnisse seiner eigenen DNA-Untersuchungen. Er behauptete nicht nur, daß die Aufspaltung der beiden Quastenflosser-Populationen erst vor 1,5 Millionen Jahren stattgefunden habe, sondern er hielt unwahrscheinlich, daß der Quastenflosser nur in zwei kleinen, vollkommen voneinander geschiedenen Populationen existiert«, schrieb Mark Erdmann in *Nature*. Die begeisterten Reaktionen auf seinen Artikel bestärkten Erdmann, und er begann seine Photographien überall in den Küstendörfern und auf den Fischmärkten des indonesischen Archipels herumzuzeigen.

Die Möglichkeit, daß es in der Nähe anderer exotischer Inseln auch Quastenflosser geben könnte, wird ohne Zweifel für eine neue Generation von Abenteurern und Enthusiasten Ansporn genug sein, eigene Flugblätter drucken zu lassen und die abgelegeneren Ränder des Indischen Ozeans abzusuchen. Die Vermutung, daß die beiden silbernen Quastenflosser-Figuren eher philippinischen als mittelamerikanischen Ursprungs sind und durch spanische Kaufleute von den Philippinen (die nur ein paar hundert Kilometer von Manado entfernt liegen) nach Toledo und Bilbao gebracht worden sind, kann sie nur noch mehr beflügeln.

Die Gerüchte, die sich um den Quastenflosser ranken, werden weiterhin Begeisterte und Exzentriker anziehen (oder seine Bewunderer vielleicht auch erst exzentrisch machen). Vor ein paar Jahren schickte die Tochter eines deutschen Grafen Hans Fricke eine in Schönschrift verfaßte Abhandlung vom Umfang eines Buches, in der sie ihre Theorie darlegte, wie und warum die silbernen Quastenflosser hergestellt worden waren. Dieses Wissen, so erklärte sie, sei ihr durch frei flotierende elektromagnetische Strahlen vermittelt worden. Ein East-Londo-

nach einem oberflächlichen morphologischen Vergleich seine Resultate für ausreichend, um den indonesischen Quastenflosser als neue Spezies *Latimeria menadoensis L. Pouyard* zu bezeichnen. Dieser Akt wissenschaftlicher Piraterie machte Mark Erdmann wütend und versetzte den größten Teil der Fachwelt in Staunen. Bereits wenige Tage nach Veröffentlichung des Berichts waren Bestrebungen im Gange, Ponyard zu diskutieren und die Namensgebung zu machen.

ner Taxifahrer, C.D. Harrald, hat sein ganzes Leben lang überall herumerzählt, daß er der Mann ist, der es am 22. Dezember 1938 beinahe abgelehnt hätte, Marjorie Courtenay-Latimer, ihren Assistenten Enoch und »diesen stinkenden Fisch« von den Docks zum Museum zu fahren. Was er allerdings vergessen zu haben scheint, ist, daß er damals noch zu jung war, um überhaupt einen Führerschein zu haben, und daß es sein 1969 verstorbener Onkel war, der das Taxi gefahren hatte.

Schon zu der Zeit, als man den Quastenflosser nur als ein Fossil kannte, hatte er das Vorstellungsvermögen der Menschen gefangengenommen, und es scheint, als habe er von seiner Anziehungskraft nichts eingebüßt. In den Monaten nachdem das Bestehen einer indonesischen Population öffentlich bekannt wurde, sind zahlreiche Forschungs- und Photoexpeditionen geplant worden. Die Ozeanographin Sylvia Earle bot Mark Erdmann an, ihn in der Benutzung eines ihrer »Deep Worker«-Tauchboote zu unterweisen, so daß er auf der Suche nach dem felsigen Unterschlupf des Fisches in größere Tiefen tauchen kann.

»Das wäre wunderbar«, sagte er. »Ich wette, J. L. B. Smith hätte viel darum gegeben, einen Quastenflosser in seiner natürlichen Umgebung zu sehen.« Zweifellos wird es weitere Photos und Filme geben, und zu gegebener Zeit wird uns die verborgene Welt des unter den Riffen von Manado Tua umherschwimmenden *rajah laut* enthüllt werden. Die präparierten indonesischen Quastenflosser werden neben ihren komorischen Anverwandten in den Museen der Welt zu finden sein. Mit etwas Glück werden auch weiterhin viele unseren Netzen und Leinen entkommen. »Die Tatsache, daß sich die Quastenflosser in einem Gebiet, das seit über hundert Jahren von Ichthyologen erforscht wird, der Entdeckung entziehen konnten, grenzt an ein Wunder«, meinte Mark begeistert. »Das ist eine kleine und erfreuliche Ermahnung, daß der Mensch die Ozeane noch lange nicht unter sein Joch gebracht hat, und stimmt uns zuversichtlich, daß der gute alte Quastenflosser vielleicht in größerer Zahl existiert und widerstandsfähiger ist, als wir zunächst zu hoffen wagten.« Aber wie Marjorie Courtenay-Latimer, die uns dieses wunderbare Wesen vor mehr als sechzig Jahren zur Kenntnis brachte, kürzlich gesagt hat: »Vielleicht ist es jetzt an der Zeit, den Quastenflosser in Frieden zu lassen.«

Der Mensch muß in den Annalen der Geschichte des Quastenflossers als ein bloßer Emporkömmling erscheinen. Die wichtigsten Ereignisse in der Menschheitsgeschichte – vom ersten Gebrauch der Steinwerkzeuge bis zur Mondlandung – sind nicht mehr als ein kurzes Rauschen für diesen stillen Zeugen in der Tiefe dessen, was wir »unsere« Ozeane zu nennen wagen.

Ist es nicht beruhigend, sich vorzustellen, wie der Quastenflosser in aller Ruhe umherschwimmt, nichts ahnt von all den verrückten Dingen, die sich auf der Erde ereignen, und dabei schon wesentlich größere Katastrophen überlebt hat, als wir sie kennen, und daß er auch nach all dieser Zeit noch existieren wird, vielleicht länger, als wir es je werden?

Anhang

Danksagung

Meinen ersten Quastenflosser sah ich 1992 in dem kleinen Museum von Moroni, der Hauptstadt der Komoren. Bis zu diesem Zeitpunkt hatte er wenig Bedeutung für mich gehabt – er war nicht mehr als ein Name aus längst vergangenen Biologiestunden, an den ich mich nur noch vage erinnern konnte. In den letzten Jahren habe ich mich eingehend mit dem Quastenflosser und seiner ungewöhnlichen Welt beschäftigt, aber ohne die großzügige Unterstützung und Geduld von Experten und begeisterten Laien aus aller Welt hätte ich niemals den Mut gehabt, ein Buch über dieses im Mittelpunkt ausführlicher Forschung stehende Lebewesen zu schreiben.

Es gibt einige Leute, ohne deren Hilfe es mir nicht möglich gewesen wäre. Robin Stobbs vom J. L. B. Smith Institute in Grahamstown erschloß mir seine Archive und seinen unglaublichen persönlichen Wissens- und Erfahrungsschatz. Er führte und unterstützte mich unermüdlich während der gesamten Entstehungszeit des Buches und ist auch in Zukunft ein geschätzter Freund und E-Mail-Partner für mich. Ihm schulde ich unbegrenzten Dank. Marjorie Courtenay-Latimer ertrug während meiner Besuche Tausende von Fragen. Ohne sie wüßte die Welt wahrscheinlich heute noch nichts von der Existenz des Quastenflossers, und ich hätte ganz gewiß niemals über ihn schreiben können. Sie ist eine wirklich bemerkenswerte Frau, eine Inspiration für uns alle. Hans Fricke ist ein außergewöhnlicher Abenteurer, und er weiß mehr über den Quastenflosser als jeder andere. Seine Großzügigkeit kannte keine Grenzen – er lud mich nach Deutschland zu einer Besichtigung seines Tauchbootes, der *Geo*, ein, berichtete mir von seinen aufregenden Unterwasserreisen und half, meine Wissenslücken zu schließen. Jerry Hamlin, der Schöpfer von dinofish.com, ist ebenfalls ein wahrer Gläubiger, der sich die Rettung des Quastenflossers zur Aufgabe gemacht hat. Ich danke ihm für die vielen Stunden seiner Zeit, die er mir geopfert hat. Ich kam nach kurzer Anmeldung auf der friedlichen, paradiesischen Insel von Mark Erdmann und Arnaz Mehti an und lebte dort mit ihnen neun Wochen lang Tür an Tür, in denen sie ihr Boot, ihre Mahlzeiten und ihre Abenteuer mit mir teilten. Während der acht Monate, in denen die Entdeckung der indonesischen Quastenflosser-Population noch geheimgehalten wurde, hielten sie mich voll Vertrauen über alle Ereignisse auf dem laufenden, und ich widme ihnen und ihrem Team – Daeng Said, Tante Ita und Meli – den glücklichen Schluß dieses Buches.

Meine Recherchen dauerten ein Jahr und schlossen vier Kontinente und eine große Anzahl von Menschen ein. Mein Dank gilt Roy Caldwell und Keenan Smart, die das Geheimnis um den indonesischen Quastenflosser teilten, und Susan Jewett in den Vereinigten Staaten, Eugene Balon in Kanada, Anthony Gardner in England, der mich in die richtige Richtung schickte, Henry van Moyland für seine Inspiration zum Titel, Peter Forey vom Museum für Naturgeschichte und Quentin Keynes, der die Komoren 1952 kurz nach der abenteuerlichen Rettung des Quastenflossers besuchte und mir freundlicherweise seine gesammelten Schätze zeigte. Ich danke Karen Hissmann und Jürgen Schauer in Deutschland, Jean Pote, Phil Heemstra, Paul Skelton und den Mitarbeitern des J. L. B. Smith Institute of Ichthyology in Südafrika, sowie Bob und Gerd Smith und William Smith, der mich an seinen Erinnerungen an seine berühmten und unkonventionellen Eltern teilhaben ließ und mir großzügigerweise erlaubte, aus dem Buch seines Vaters, *Vergangenheit steigt aus dem Meer*, zu zitieren. Ich danke Philip Tobias und Gill Vernon vom East London Museum und Mike Bruton. Viele alte und neue Freunde auf den Komoren leisteten unschätzbare Hilfe: Papa Claude, Christian Antoine und das Personal des Le Galawa Beach Hotels, das uns vor der Ausweisung rettete, Ali Toihir, Mouzaoir Abdallah, Mahmoud Aboud sowie die Mitarbeiter von CNDRS. Mein besonderer Dank gilt Said Ahamada, der weiterhin unermüdlich für den Erhalt des Komoren-Quastenflossers arbeitet und dessen Familie mich überaus herzlich aufnahm und mir einen Einblick in das Leben und die nächtliche Arbeit der Fischer erlaubte, und allen komorischen Fischern, die meine Fragen mit Geduld und Humor beantworteten. Ich danke Om Lameh Sonathon und seiner Familie, die mir liebenswürdig ihre Gastfreundschaft gewährte, und Om Maxon Haniko und ihren Mannschaften sowie Michael und Corrie und den Damen von MC.

Ich danke Gillon Aitken, Agentin und Freundin, Emma Parry, meiner Lektorin Virginia Bonham Carter, die mir während der gesamten Zeit zur Seite stand, James Kellow und all den freundlichen Mitarbeitern von Fourth Estate. Ich danke meinen amerikanischen Lektoren, Larry Ashmead und Joe Wojak von HarperCollins, für ihre wertvollen Anregungen. Dank gilt auch meiner Familie und meinen Freunden, auf deren Unterstützung ich immer zählen konnte, meinem Vater und meiner Schwester Joanna, den beiden besten Literaturkritikern, meiner Schwester Kate, Dan und Anne Simon und meiner Großmutter, Lilian Le Roith, deren Auto und Haus wir während unseres dreimonatigen Aufenthaltes in Südafrika in Besitz nahmen, und die nach wie vor meine unkritischste Unterstützerin ist. Vor allem danke ich Mark Fletcher, dem dieses Buch gewidmet ist: der beste Reisegefährte, Lektor und Ehemann, den sich eine Frau wünschen kann.

Ausgewählte Literatur

Ich bin einer ganzen Reihe von Büchern und Aufsätzen verpflichtet, von denen ich hier nur einen Teil erwähnen kann:

ANTHONY, JEAN: *Opération Coelacanthe.* Arthaud, 1976.

BALON, E., M. BRUTON und H. FRICKE: »A fiftieth anniversary reflection of the living coelacanth« in: *Environmental Biology of fishes*, 1988.

BARNETT, PETER: *Sea Safari with Professor Smith.* South African Association for Marine Biological Research, nicht datiert.

BERGH, W., W. SMITH, W. BOTHA und M. LAING: »The place of Natal Command in the history of world science« in: *Spectrum*, 1992.

BROAD, WILLIAM: *The Universe Below.* Simon & Schuster, 1997.

BRUTON M.: »The coelacanth - can we save it from extinction?« in: *World Wildlife Fund Reports*, 1989.

BRUTON M.: »The living coelacanth fifty years later« in: *Transactions of the Royal Society of South Africa*, 1989.

BRUTON M.: »The mingled destinies of coelacanths and men« in: *Ichthos*, 1992.

BRUTON, M., Q. CABRAL und H. FRICKE: »First capture of a coelacanth off Mozambique« in: *South African Journal of Science*, 1992.

CONANT, E.B.: »An historical overview of the literature of Dipnoi« in: *Journal of Morphology*, 1986.

COURTENAY-LATIMER, E.: »Diaries« (unveröffentlicht, freundlicherweise von M. Courtenay-Latimer überlassen)

COURTENAY-LATIMER, M.: »My story of the fish coelacanth« in: *Occidental Papers of the California Academy of Science*, 1979.

COURTENAY-LATIMER, M.: »Reminiscences of the discovery of the coelacanth« in: *Cryptozoology*, 1989.

DE SYLVA, D.: »Mystery of the silver coelacanth« in: *Sea Frontiers*, 1966.

DUGAN, J.: »The fish« in: *Colliers*, 1955.

ERDMANN, M., R. CALDWELL UND K. MOOSA: »An Indonesian ›King of the sea‹« in: *Nature*, 1998.

FOREY, P.: »Blood lines of the coelacanth« in: *Nature*, 1991.

FOREY, P.: »Golden jubilee for the coelacanth« in: *Nature*, 1988.

FOREY, P.: *History of the Coelacanth Fishes*. Chapman & Hall, 1998.

FORTEY, RICHARD: *Leben. Die ersten vier Milliarden Jahre*, C. H. Beck, 1999.

FRICKE, H. und K. HISSMANN: »Natural habitat of the coelacanth« in: *Nature*, 1990.

FRICKE, H. und R. PLANTE: »Habitat requirements of the living coelacanth« in: *Naturwissenschaften*, 1988.

FRICKE, H.: »Im Reich der lebenden Fossilien« in: *Geo*, 1987.

FRICKE, H.: »Living coelacanth: values, eco-ethics and human responsibility« in: *Marine Ecology Progress Series*, 1997.

FRICKE, H.: »The fish that time forgot« in: *National Geographic*, 1988.

GREENWOOD, P. H.: »Fifty years of a ›living fossil‹« in: *Biologist*, 1989.

GREENWOOD, P. H.: »Latimeraia chalumnae - the living coelacanth« in: *Ichthos*, 1993.

HALL, M.: »The survivor« in: *Harvard Magazine*, 1989.

HEEMSTRA, P. und L. COMPAGNO: »Uterine cannibalism and placental viviparity in the coelacanth? A skeptical view« in: *South African Journal of Science*, 1989.

HISSMANN, K. und J. SCHAUER: »Fossil hunt« in: *Diver*, 1991.

HISSMANN, K., H. FRICKE und J. SCHAUER: »Population monitoring of the coelacanth« in: *Conservation Biology*, 1998.

Ichthos: J. L. B. Smith Commemorative Edition. J. L. B. Smith Institute of Ichthyology, 1997.

Ichthos: Tribute to Margaret Smith. J. L. B. Smith Institute of Ichthyology, 1988.

J. L. B. Smith: His Life Work, Bibliography and List of New Species. M. M. Smith, Rhodes University, 1969.

LEY, WILLY: *Exotic Zoology*. Viking Press, 1959.

LONG, JOHN A.: *The Rise of Fishes – 500 Million Years of Evolution*. University of New South Wales Press, 1995.

MILLOT, J.: »First observations on a living coelacanth« in: *Nature*, 1955.

MILLOT, J.: »Notre Coelacanthe« in: *Revue Madagascar*, 1953.

MILLOT, JACQUES und ANTHONY, JEAN: *L'anatomie de Latimeria chalumnae*. Centre Nationale de Récherches Scientifique, 1960–78.

MILLOT, JACQUES: *Le Troisième Coelacanthe*. Le Naturaliste Malgache, 1955.

MORRIS, E. und A.: »In pursuit of the coelacanth« in: *Pacific Discovery*, 1973.

MUNNION, C.: »Remembering old fourlegs« in: *Optima*, 1988.

PLANTE, R., H. FRICKE und K. HISSMANN: »Coelacanth population, conservation and fishery activity at Grande Comore« in: *Marine Ecology Progress Series*, 1998.

SCHAUER, J.: »The privacy of a living fossil« in: *Underwater*, 1992.

SMITH, J. L. B.: »A living coelacanth fish from South Africa« in: *Transections of the Royal Society of South Africa*, 1940.

SMITH, J. L. B.: »A living fish of the Mesozoic type« in: *Nature*, 1939.

SMITH, J. L. B.: »A surviving fish of the order Actinistia« in: *Transections of the Royal Society of South Africa*, 1939.

SMITH, J. L. B.: »The second coelacanth« in: *Nature*, 1953.

SMITH, J. L. B.: *Sea Fishes of Southern Africa*. Central News Agency, 1949.

SMITH, J. L. B.: *Vergangenheit steigt aus dem Meer. Die Geschichte vom Coelacanthus*. Günther, 1957.

SMITH, M.: »The search of the world's oldest fish« in: *Oceans*, 1970.

STOBBS, R.: »Eric Ernest Hunt – the aquarist« in: *Ichthos*, 1996.

STOBBS, R.: »Gone Fishin – for a purgative« in: *Ichthos*, 1998.

STOBBS, R.: »Hiriako – The broken thread« in: *Ichthos*, 1996.

STOBBS, R.: »The coelacanth enigma« in: *The Phoenix*, 1989.

STOBBS, R.: »The Comoro Islands' traditional artisanal fishery« in: *Ichthos*, 1990.

The Life and Work of Margaret M. Smith. J. L. B. Smith Institute of Ichthyology, nicht datiert.

THOMSON, KEITH S.: *Der Quastenflosser. Ein lebendes Fossil und seine Entdeckung*. Birkhäuser, 1993.

VICENTE, N.: »Un coelacanth à Madagascar« in: *Oceanorama*, 1997.

WARD, PETER DOUGLAS: *On Methuselah's Trail*. W.H. Freeman, 1991.

WHITE, E. I.: »One of the most amazing events in the realm of natural history in the twentieth century« in: *London Illustrated News*, 1939.

Bildnachweis

Der Verlag dankt dem J. L. B. Smith Institute of Ichthyology für das Bildmaterial.

Die Aufnahme des Quastenflossers als Votivgabe stammt von Hans Fricke, die Karten zeichnete Vera Brice.

Das Gedicht von Ogden Nash stammt aus dem Band: *Candy is Dandy, The Best of Ogden Nash*, Andre Deutsch Ltd. Die Übertragung ins Deutsche erfolgte durch die Übersetzerinnen.

Richard Leakey / Roger Lewin

Der Ursprung des Menschen

Auf der Suche nach den Spuren des Humanen

Aus dem Amerikanischen von Sebastian Vogel

Band 13809

Seit langem beschäftigt Biologen und Anthropologen die Frage, wo und wie der Mensch als Spezies, als homo sapiens sapiens, entstanden ist. In einer Region der Erde, etwa Ostafrika, oder multiregional, das heißt in mehreren Gebieten der Erde gleichzeitig? Haben Mensch und Menschenaffe einen gemeinsamen Vorfahren, oder hat der Mensch eine eigene Evolutionslinie? Hat der Vorfahre des heutigen Menschen andere Menschenarten ausgerottet wie die Europäer die Indianer oder andere »primitive« Völker? Mit diesen und anderen Fragen und mit den jüngsten Erkenntnissen und Forschungsergebnissen beschäftigen sich die Autoren in diesem Buch.
Leakey und sein Forschungsteam haben in Kenia, am Rudolf- oder Turkana-See, einer berühmten Grabungsregion, das gut erhaltene Skelett eines 1.5 Millionen Jahre alten Jungen entdeckt, der offensichtlich während einer Jagd ums Leben gekommen ist. Dieser Fund ist für Leakey Ausgangspunkt neuer Erkenntnisse über die Entstehung des Menschen. Für Leakey war nicht nur das Alter des »ersten Menschen« wichtig, sondern auch die Frage, was alles zusammenkommen mußte, um die spezifische Qualität des Menschlichen entstehen zu lassen.

Fischer Taschenbuch Verlag

fi 401 / 6

Mark Hertsgaard

Expedition ans Ende der Welt

Auf der Suche nach unserer Zukunft

Aus dem Amerikanischen von Sebastian Vogel

Band 14954

1,3 Milliarden Chinesen warten darauf, ebenfalls – wie die westlichen Nationen – alle Segnungen der industrialisierten Welt für sich in Anspruch nehmen zu können: Autos, Kühlschränke, Klimaanlagen, Flugreisen und vieles mehr. Doch was bedeutet das für die globale Umwelt – von der chinesischen, die sich bereits in einem desaströsen Zustand befindet, ganz zu schweigen? Und was wird geschehen, wenn all die anderen sogenannten Schwellenländer, die kurz vor dem industriellen ›take-off‹ stehen, mit den westlichen Standards gleichziehen wollen?

Mark Hertsgaard, dessen Buch man mit Fug und Recht als den bisher einzig legitimen Nachfolger zu Al Gores »Wege zum Gleichgewicht« bezeichnen darf, ist sechs Jahre lang um die ganze Welt gereist. Er hat Kongresse besucht, mit dem Fahrrad die Wüste durchquert, hat Experten befragt, unautorisiert marodeste Industrieanlagen erkundet und mit Menschen in allen Kontinenten über ihre Wünsche, Träume und Ängste gesprochen. Das Ergebnis ist eine aufregende Mischung aus investigativem Journalismus, bester Reisereportage und außerordentlich fundierter Sachinformation über den Zustand und die Zukunft unseres Planeten.

Fischer Taschenbuch Verlag

fi 404 / 1

Stephen Jay Gould

Illusion Fortschritt

Die vielfältigen Wege der Evolution

Aus dem Amerikanischen von Sebastian Vogel

287 Seiten mit 36 Abbildungen. Gebunden.

Mag es uns auch kränken, so sind wir Menschen doch nichts weiter als ein kleiner, zufällig entstandener Zweig am riesigen Baum der Evolution. Nicht Fortschritt, so lautet Stephen Jay Goulds bestechende Argumentation, sondern Variationsbreite ist das entscheidende evolutionäre Prinzip.

»Niemand hat mit mehr Witz und Wissen über unsere Illusionen hinsichtlich des Fortschritts der Natur geschrieben als Stephen Jay Gould.« *Oliver Sacks*

Stephen Jay Gould

Ein Dinosaurier im Heuhaufen

Streifzüge durch die Naturgeschichte

Aus dem Amerikanischen von
Sebastian Vogel und Cornelia Holfelder-von der Tann
604 Seiten mit 34 Abbildungen. Geb.

Mit seinem neuen Buch erweist sich der Evolutionsbiologe und Paläontologe Stephen Jay Gould abermals als virtuoser Essayist. Ganz in der Tradition Montaignes vermag Gould seine Leser zu bannen, indem er Literatur, Wissenschaft und persönliche Ansichten zusammenführt. Ob er über die Sonnenfinsternis in New York, Mary Shelleys »Frankenstein« oder die Trugschlüsse der Eugenik berichtet, stets entwickelt er einen undogmatischen, umfassenden Blick auf die Welt.
Seine großen Themen – Zeit, Geschichte und Evolution – verliert der Autor nie aus den Augen. Anders als viele Wissenschaftler geht er davon aus, dass die Evolution kein langsamer, stetiger Prozess ist, sondern von plötzlichen Ereignissen vorangetrieben wird. Lehrreich und unterhaltsam erläutert er seine Theorie anhand vieler überraschender Fragen, deren Antworten sich spannend wie Detektivgeschichten lesen.